创客玩智能硬件创意制作

DF创客社区编辑选择奖精选项目30例

DFRobot 编

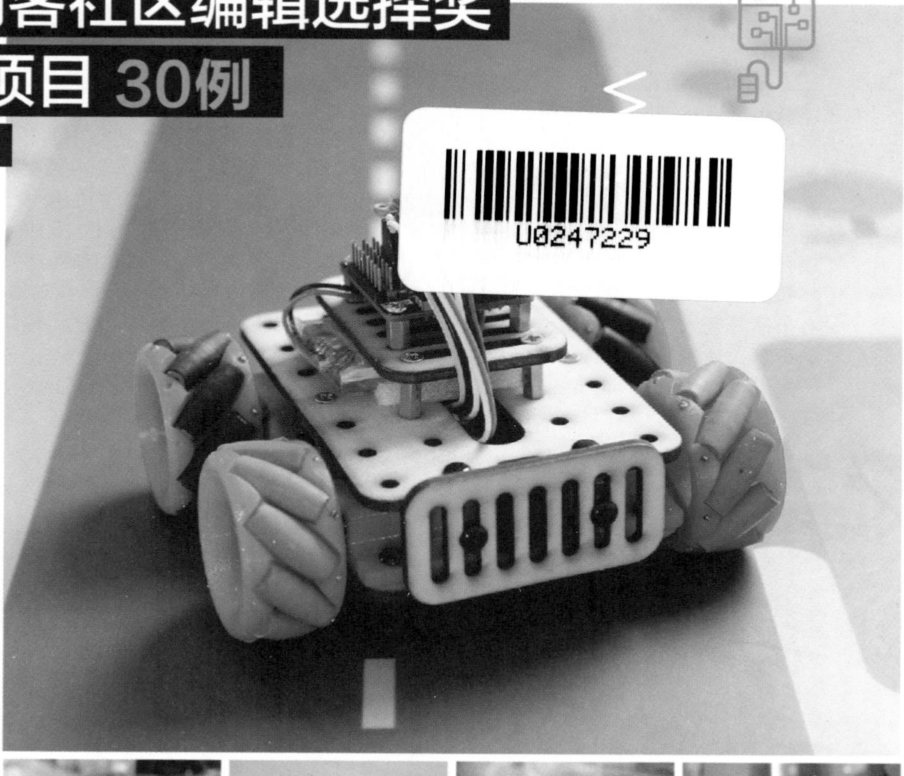

人民邮电出版社
北 京

图书在版编目（CIP）数据

创客玩智能硬件创意制作 : DF创客社区编辑选择奖精选项目30例 / DFRobot编. -- 北京 : 人民邮电出版社, 2019.8
（i创客）
ISBN 978-7-115-51519-3

Ⅰ. ①创… Ⅱ. ①D… Ⅲ. ①电子产品－制作 Ⅳ. ①TN05

中国版本图书馆CIP数据核字(2019)第125686号

内容提要

“i 创客”谐音为“爱创客”，也可以解读为“我是创客”。创客的奇思妙想和丰富成果，充分展示了大众创业、万众创新的活力。这种活力和创造，将会成为中国经济未来增长的不熄引擎。本系列图书将为读者介绍创意作品、弘扬创客文化，帮助读者把心中的各种创意转变为现实。

本书精选了 30 个来自 DF 创客社区的制作项目，详细介绍了创客们如何设计与制作各类智能控制电子制作项目，内容分为机器人、智能硬件、科学小实验、艺术与创意四大门类。制作项目有从智能小车到人形机器人的各种不同形态的机器人，计步手带、车程计、灭蚊“神器”、甲醛检测仪、空气质量监测站、写字机、机器守门员等智能硬件，皇冠彩灯头饰、激光竖琴、爱心吊坠等艺术创意作品。种种新奇有趣的发明，一定让你充分体验“万众创新”的美妙。读者既可直接仿制这些作品，也可从中汲取灵感，创造出新的项目。

本书操作步骤清晰、图片简明、可操作性强，内容不仅适合电子爱好者阅读，也适合创客空间、学校开办工作坊和相关课程参考。

◆ 编　　　DFRobot
　责任编辑　周　明
　责任印制　彭志环

◆ 人民邮电出版社出版发行　　北京市丰台区成寿寺路 11 号
　邮编　100164　　电子邮件　315@ptpress.com.cn
　网址　http://www.ptpress.com.cn
　临西县阅读时光印刷有限公司印刷

◆ 开本：690×970　1/16
　印张：10.5　　　　　　2019 年 8 月第 1 版
　字数：217 千字　　　　2019 年 8 月河北第 1 次印刷

定价：69.00 元

读者服务热线：(010)81055493　印装质量热线：(010)81055316
反盗版热线：(010)81055315
广告经营许可证：京东工商广登字 20170147 号

前言

1997年，开源运动发起人之一布鲁斯·佩伦斯(Bruce Perens)首先提出将硬件开源化。佩伦斯的目的是希望任何一家硬件制造商都可以自主认证开源硬件产品，一旦认证成功，圈内人就可以免费使用这些开放的资料用于任何再创造。同期，他也注册了“开源硬件”图标，就是大家熟知的半齿轮形状的图案。

“开源”的核心是倡导分享。创作者通过开源社区将内容共享给社区伙伴，社区伙伴能提供最真诚的反馈、建议，帮助创作者更好地优化项目。正是这群以开源硬件来实现创意的人不断扩充，才让开源硬件发挥了最大价值，让人们的创造力被无限激发。这群人也就是“创客”。正因如此，开源硬件与创客才有着千丝万缕的联系。

随着技术使用门槛的降低，开源硬件被广泛应用于各个领域，如工业原型设计、交互艺术、电子项目等。创客以追求趣味性和实现自我价值为导向，通过网络协作、项目小组、共享学习等各种形式展开学习。创客文化强调人们在社交环境下通过实践来学习，鼓励跨界创作，将技术与其他领域进行结合。

创客文化的跨界，也吸引了国内一批教师，他们通过跨学科、创客教育、STEAM教育的方式让学生对学习产生兴趣，激发学生的创造力与灵感。他们不仅饱含强烈的自我创作欲望，同时还带领着他们的学生共同创作。曾有一位教师向我介绍他的学生的作品，其中有给爸爸做的“戒烟帽”和“防抖腿提醒器”，有给妈妈做的“减肥沙发”和“说悄悄话的智能枕头”，特别富有童趣。这些作品从成人视角看起来有些稚气，但当切回孩子视角时，对于他们来说就一件件极具价值的产品。这是来自于本能的创造力的体现！

毕加索曾经说过：“所有的孩子天生都是艺术家，问题就在于，我们如何在成长过程中守护住内心的那个艺术家。”每个人都有与生俱来的创作天赋，开源工具就像是人们手头的画笔，能够创作出更多惊艳的作品。希望创客社区是那个守护住创造力的地方，让成人和孩子都有机会展示他们的创造天赋，并总会让人们惊喜万分，惊叹世界上还存在着这样奇妙的创意！

DFRobot 教育线产品经理　余静
2019.5.30

CONTENTS

目录

第 2 章 智能硬件

第 3 章 科学小实验

第 4 章 艺术与创意

本书相关资源下载平台：

box.ptpress.com.cn/y/RC2019000003

第 1 章

机器人

舵机人形机器人

◇ 葛雷

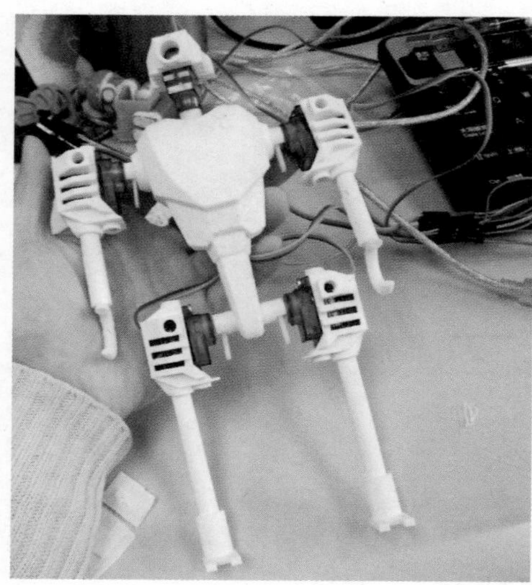

在没完成这个作品之前，我在课堂上只能枯燥地引用课件、图片、视频，孩子们只能停留在想象的空间中。对于喜欢机器人的孩子们来说，这个案例结合 3D 打印和开源硬件 Arduino，非常受他们的喜爱。这个作品制作过程、电路连接都很简单，捎带 20 分钟左右的程序学习。这款机器人可以让孩子们通过亲身感受，了解更多知识。

原版的开源机器人如图 1.1 所示，受到 3D 打印机的限制，我对手和脚进行了简化设计（见题图）。制作所需材料见表 1.1，程序和 3D 打印文件请从本书下载平台下载（见目录）。

特别提示：Ardunio Uno+面包板可以直接用Romeo替代，这样你就不会和我一样为了杂乱的连线和寻找合适的供电电源而苦恼了。

表 1.1　制作所需的材料

名称	数量
3D 打印部件	1 套
SG90 舵机	5 个
Ardunio Uno 主控板	1 个
面包板	1 块
杜邦线	若干
USB 数据线	1 条
4 节 5 号电池盒和电池	1 套
一次性筷子	2 双
螺丝（用舵机自带的即可）	若干

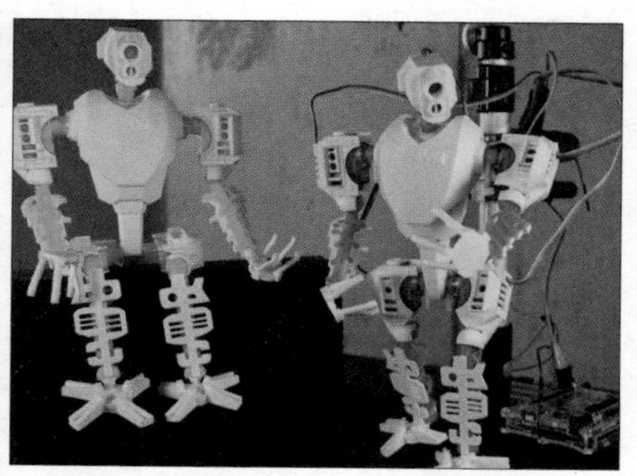

图 1.1 原版机器人

1.1 制作步骤

❶ 用 Autodesk Fushion 360 软件设计手、脚、身体部件的 3D 模型。

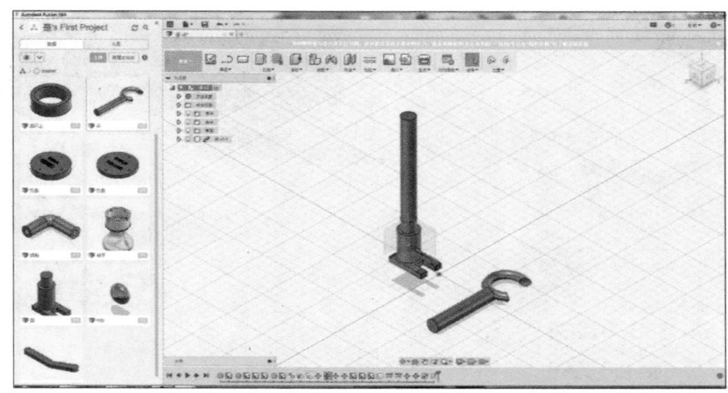

❷ 实际打印出的手、脚部件如下所示。

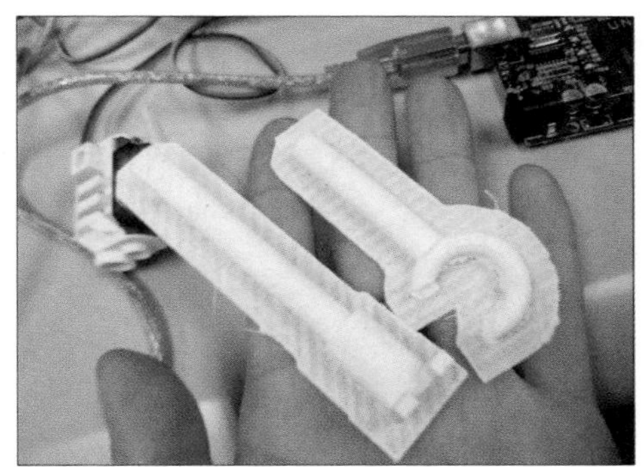

❸ 身体是打印耗时最长的部件，打印到 80% 时，3D 打印机还罢工了，模型报废，我又从头开始打印，满满地都是泪。

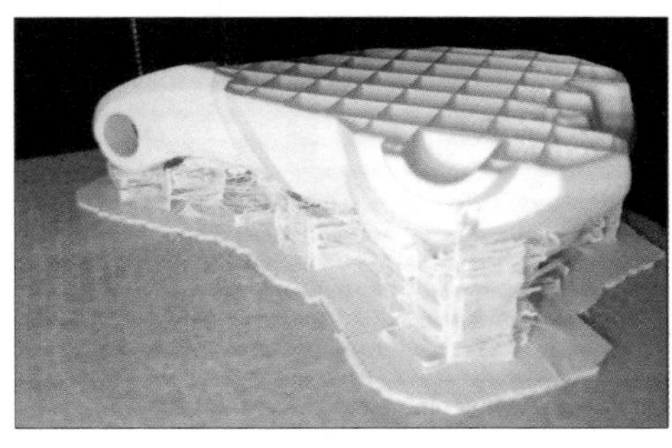

❹ 打印舵机部件，并安装舵机（一共需要 5 个，一个连接头部，手脚各两个）。

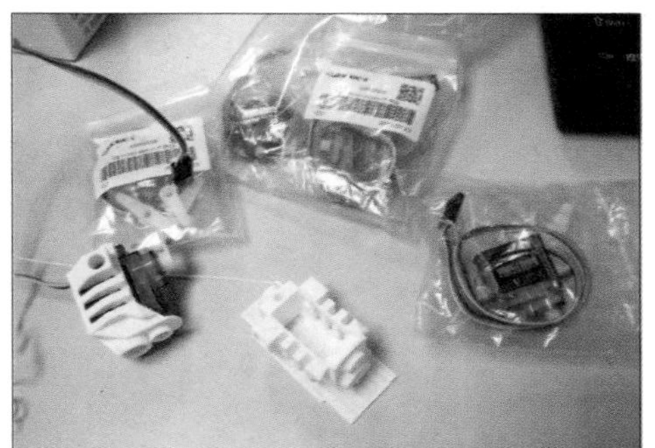

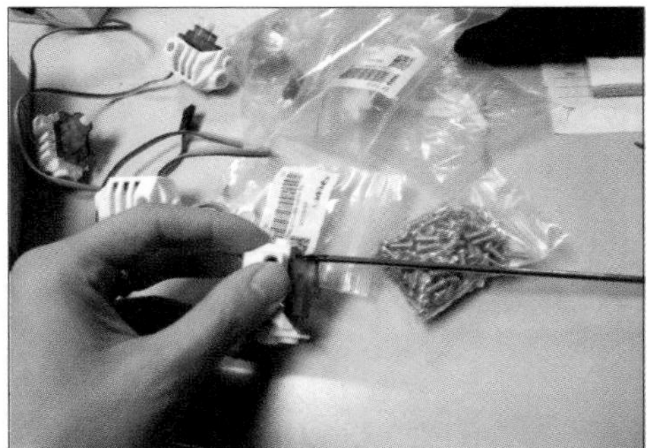

5 安装好后舵机先不要着急组装，先把每个舵机用程序调试好。

演示视频

6 整体测试。

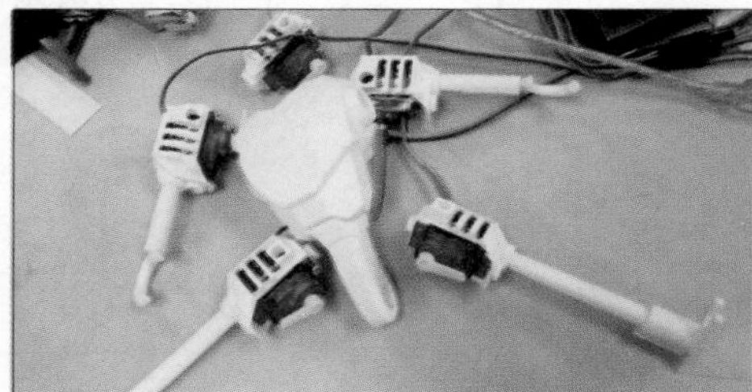

演示视频

7 把舵机机器人组装起来。

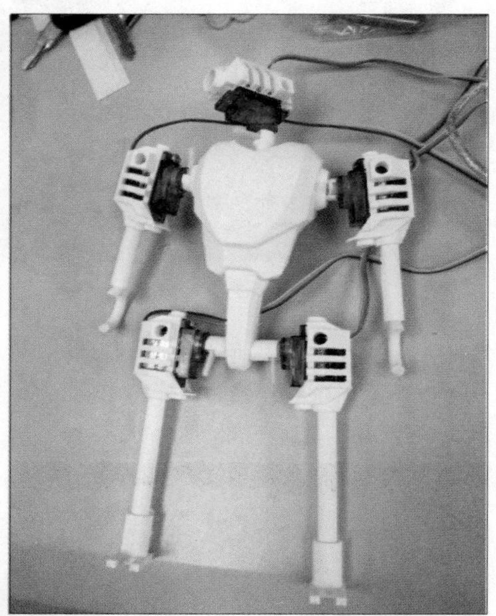

演示视频

1.2 舵机调试程序

```
#include <Servo.h>
Servo servo_pin_11;
Servo servo_pin_5;
Servo servo_pin_6;
Servo servo_pin_10;
Servo servo_pin_9;
void setup()
{
  servo_pin_11.attach(11);
  servo_pin_5.attach(5);
  servo_pin_6.attach(6);
  servo_pin_10.attach(10);
  servo_pin_9.attach(9);
}
void loop()
{
  servo_pin_11.write( 0 );
  delay( 1000 );
  servo_pin_11.write( 120 );
  delay( 1000 );
  servo_pin_5.write( 30 );
  delay( 1000 );
  servo_pin_5.write( 0 );
  delay( 1000 );
  servo_pin_6.write( 0 );
  delay( 1000 );
  servo_pin_6.write( 30 );
  delay( 1000 );
  servo_pin_10.write( 30 );
  delay( 1000 );
  servo_pin_10.write( 90 );
  delay( 1000 );
  servo_pin_9.write( 30 );
  delay( 1000 );
  servo_pin_9.write( 90 );
  delay( 1000 );
}
```

02 红外遥控长毛甲虫

◇ 刘建国　◇ 插画：刘少冉

我学习 DIY 半年多了，一直都在模仿别人，现在终于完成了从模仿到原创的过程，有了一件原创作品了，马上拿出来分享给大家，大家别嫌样子丑啊。

本作品可通过红外遥控控制，有两个模式。

（1）手动模式：能向前、后退、右转和跳动。

（2）自动巡行模式：随意行走，遇到障碍就拐弯继续行走。

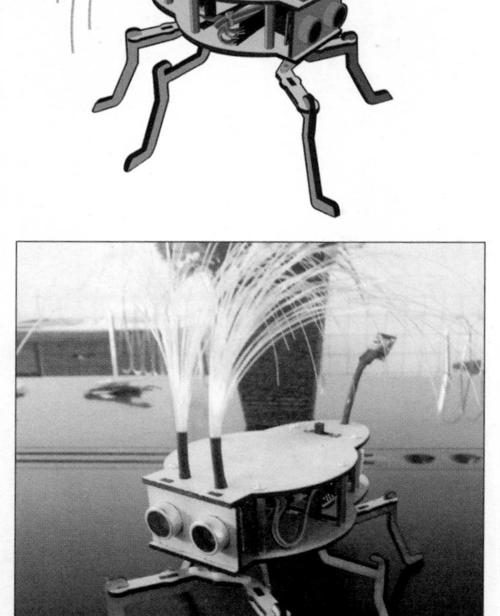

表 2.1　制作所需的材料和工具

Arduino Nano 主控板 ×1
舵机 ×3
红外遥控模块 ×1
SEN0001 超声波测距模块 ×1
6 脚开关 ×1
充电模块 ×1
3.7V/300mAh 锂聚合物电池 ×2
全彩共阴极 LED×2
30mm 铜柱 ×6
光导纤维 × 若干
杜邦线 × 若干
热缩管 × 若干
螺丝 × 若干
用于激光切割的木板 ×1
电烙铁 ×1
热熔胶枪 ×1
螺丝刀 ×1
剪刀 ×1

其他功能就有待各位开发了。

本制作的实施条件为：能动手焊接电子元器件，能识别电路的连接方式，会用米思齐（Mixly）进行 Arduino 图形化编程，动手能力要求稍高。制作所需的材料和工具见表 2.1。

2.1 制作过程

❶ 我用的激光切割板材是从市场上买的三合板，没有椴木板漂亮。

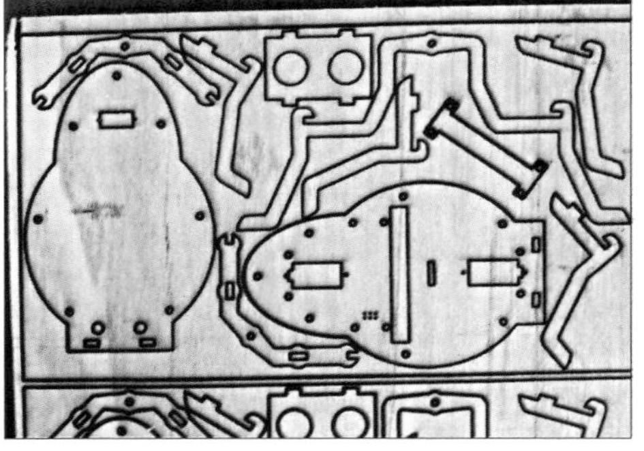

❷ 为电源和开关焊接连线。

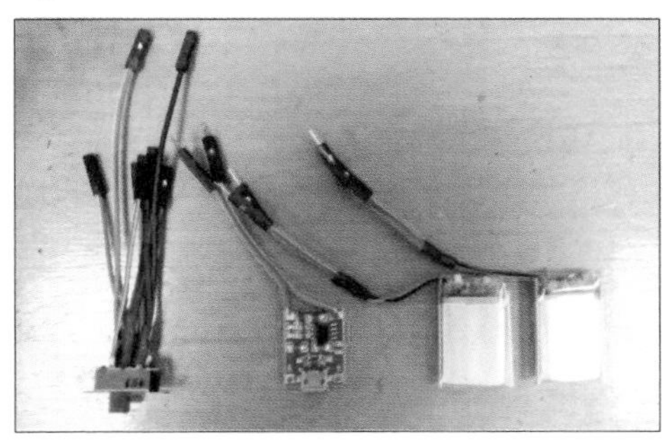

❸ 因为我去掉了扩展板，所以用改造杜邦线的方式增加控制板的供电插口。线材按 1 分 6 的接法连接。

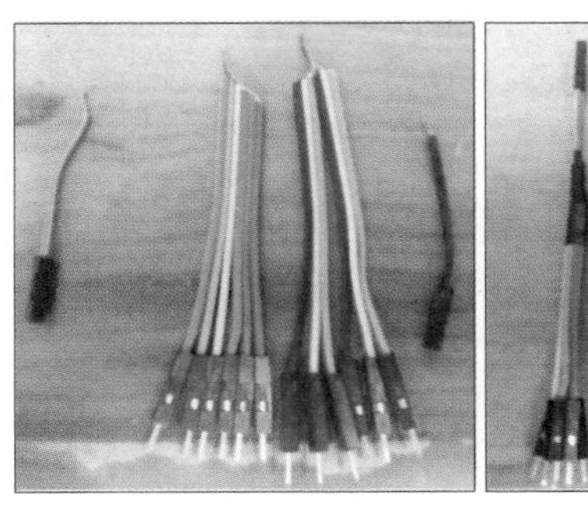

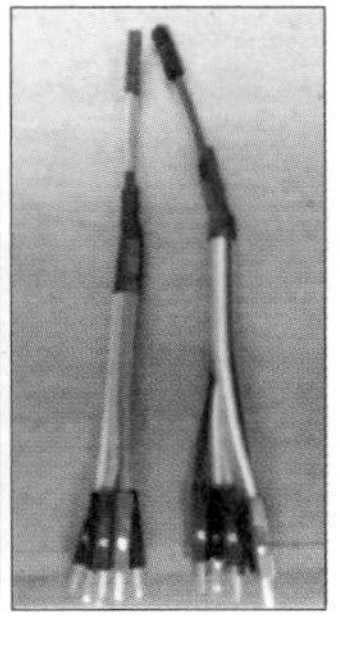

❹ 全彩 LED 只用了里面的蓝灯和绿灯，所以只需接 3 根线。

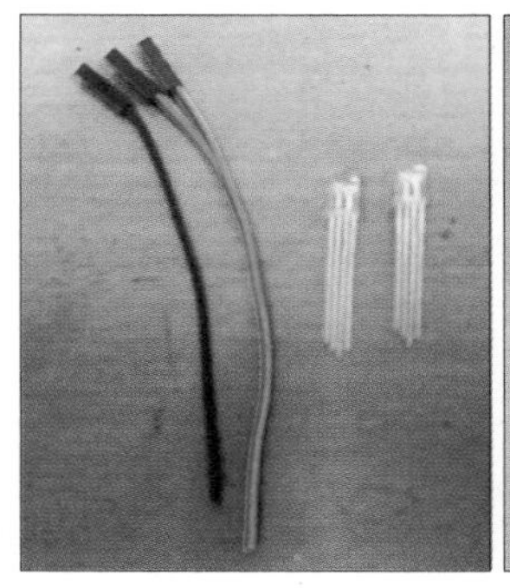

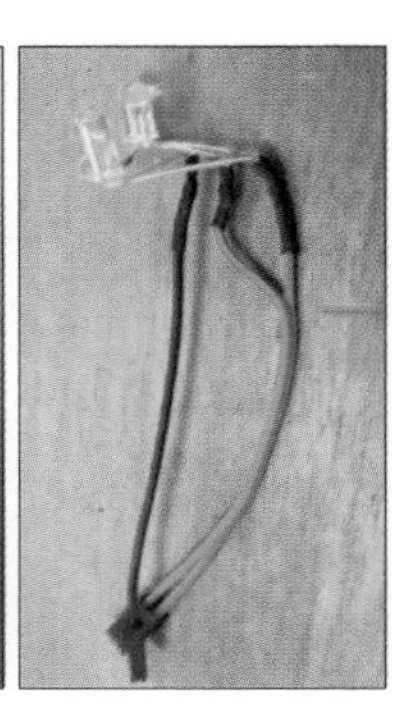

❺ 接下来制作长毛甲虫的长毛。先把热缩管插到 LED 上。

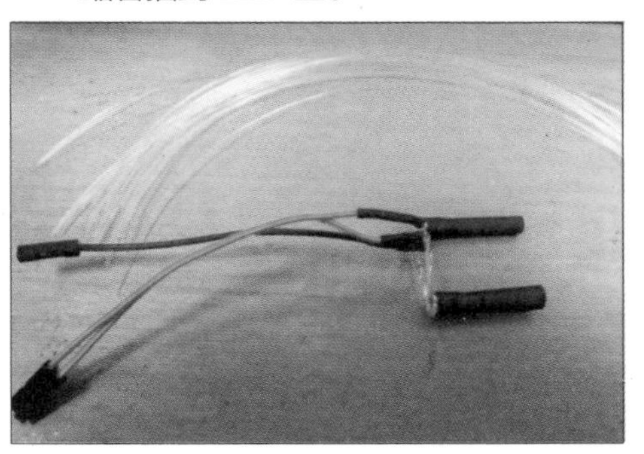

❻ 再插上光导纤维，此时要注意毛的方向。然后用电烙铁使得热缩管收缩，固定住长毛。

7 从切割好的板材上取下虫脚板件。

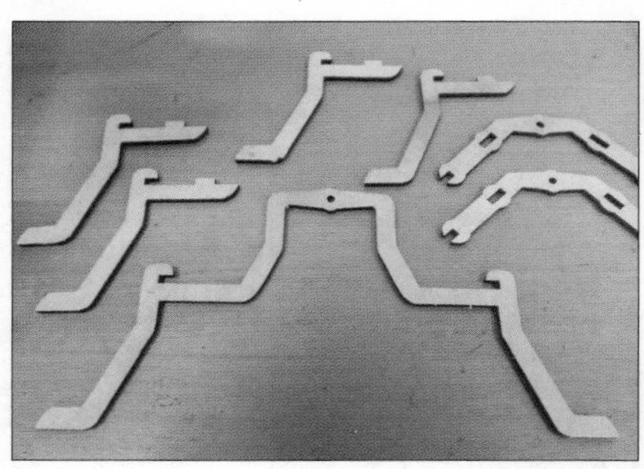

9 插接板件，完工后用热熔胶加固。

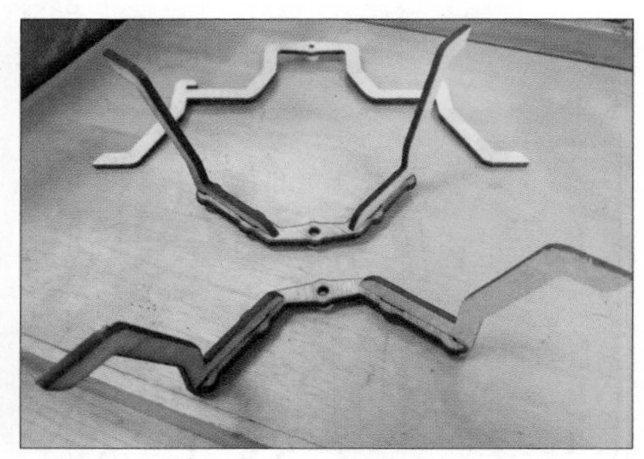

8 上螺丝。

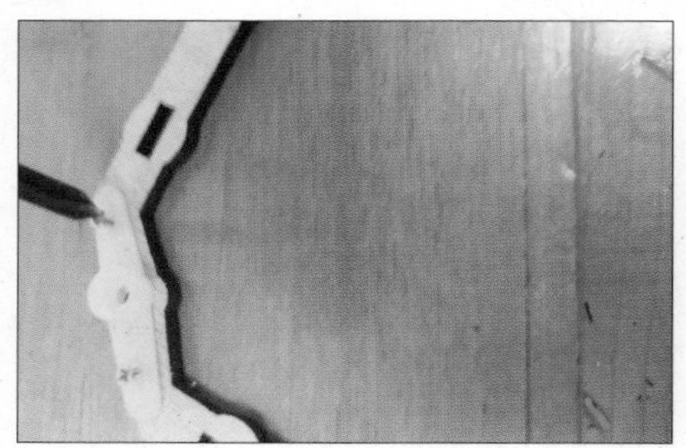

10 把红外遥控模块的杜邦线套上热缩管，让线条好看点、硬点，使尾巴能竖起来。

11 前期加工完毕，整套材料如右图所示。

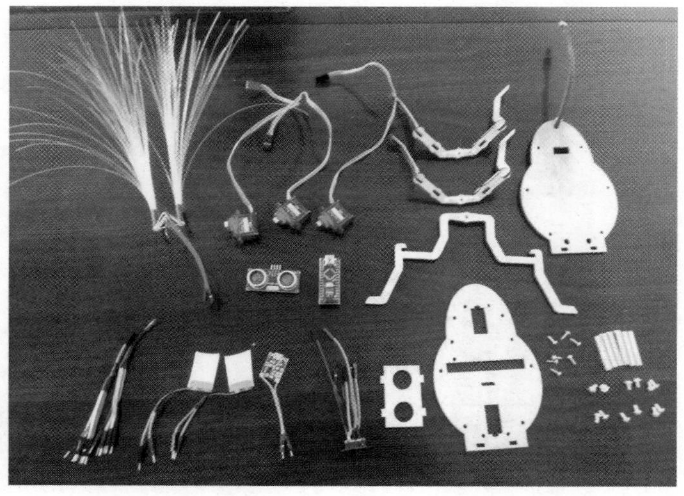

12 电源部分用的是充电模块，充电时两块电池要处于并联状态，而电池给主控板供电又要用到串联状态，再加上我水平实在有限，所以开关的连接方法我花了好长时间思考，最终接法如下图所示，如果各位读者有更好的方法请不吝赐教！

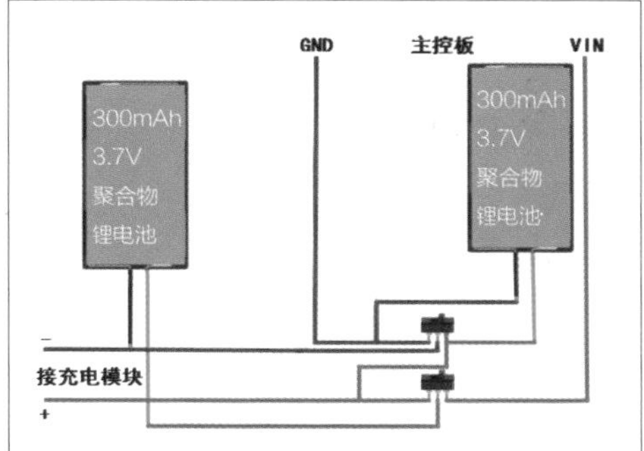

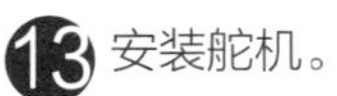

13 安装舵机。

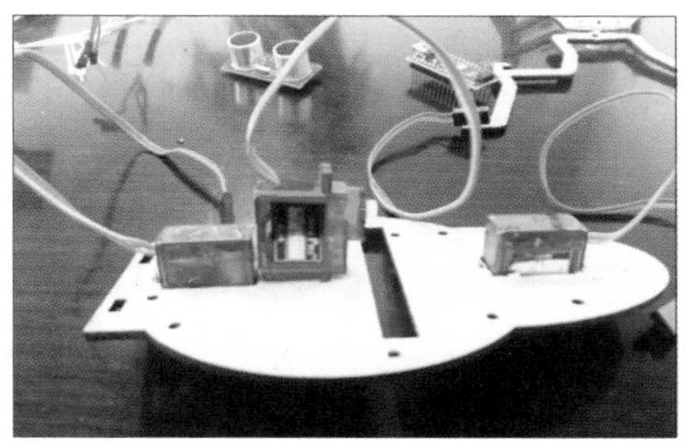

14 安装主控板（底板已经拧上了铜柱）。

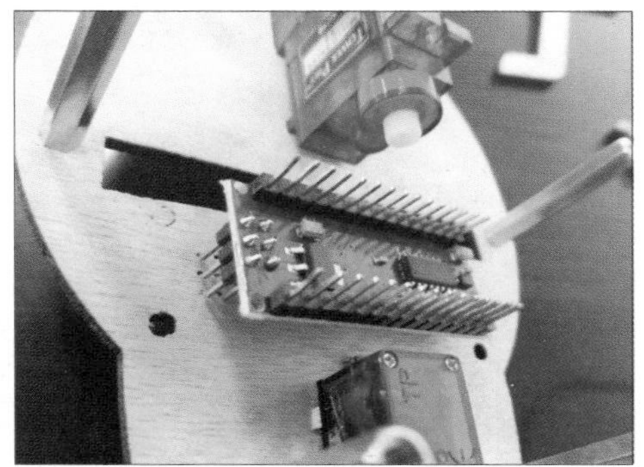

15 我利用主控板上的 6 根插针进行固定，本来还想加上螺丝固定，但后来觉得没必要就没加。

16 各部件连接如图所示。

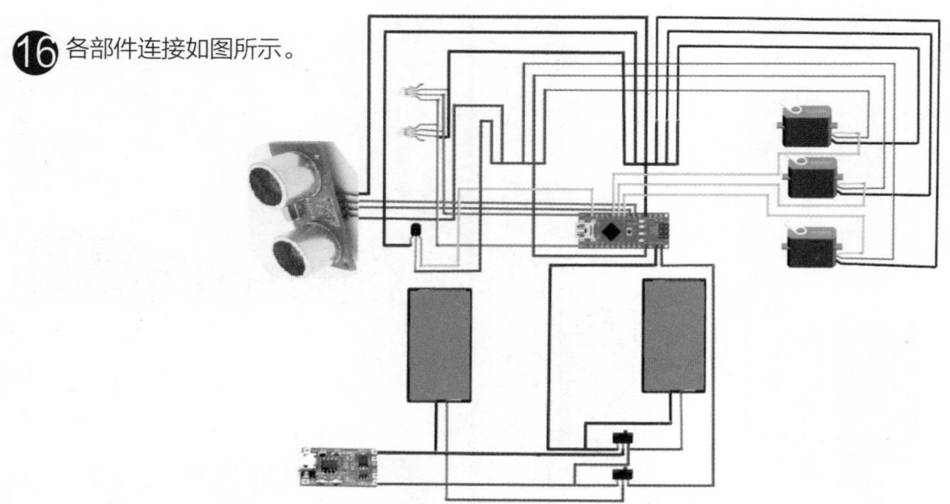

17 实际连接效果如下图所示。

18 理一下线，把电池和充电模块用电工胶布绑好。

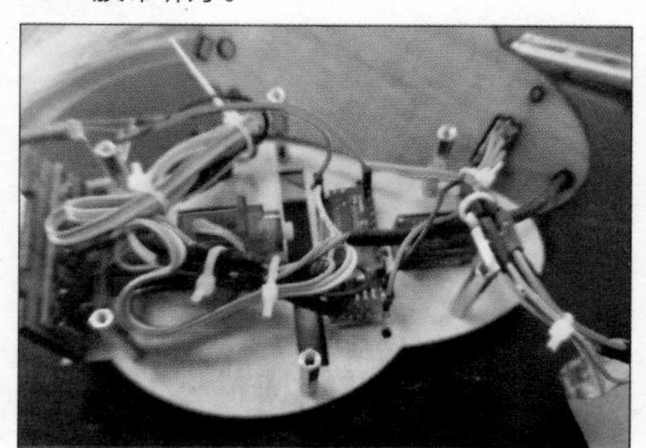

19 装上虫脚。

20 这是甲虫的侧视图，两束长毛从孔位穿上去，LED 就能直接固定在面板上了，电池固定在尾部位置，然后拧上几个螺丝就完工了。

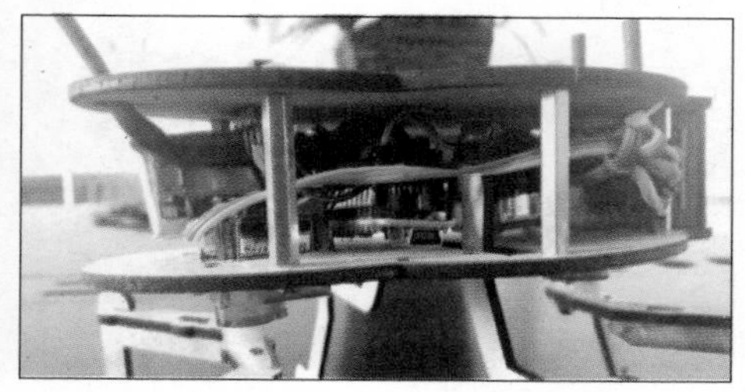

21 插数据线的接口在甲虫尾部。

2.2 程序编写

程序使用 Arduino 图形化编程软件 Mixly 编写，分成主程序和几个函数。

① 初始化

② 横跳函数模块

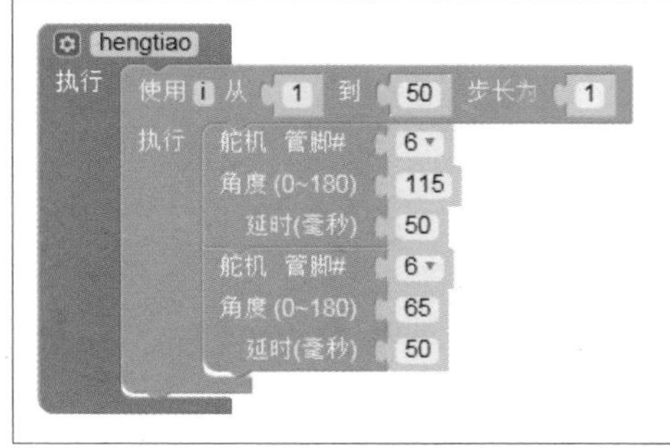

③ 前进函数模块

❹ 后退函数模块

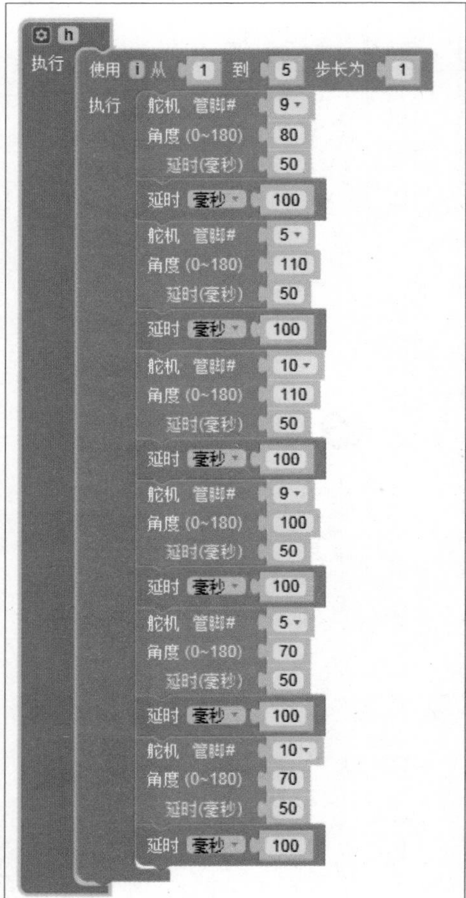

❺ 右转函数模块

❻ 自动巡行模块

```
zd
执行
使用 i 从 1 到 20 步长为 1
执行 如果 超声波测距(cm) Trig# 4 Echo# 3 ≥ 30
执行 数字输出 管脚# 13 设为 255
     执行 q
否则 数字输出 管脚# 12 设为 255
     执行 zhuanzuo
舵机 管脚# 5
角度 (0~180) 90
延时(毫秒) 50
舵机 管脚# 6
角度 (0~180) 90
延时(毫秒) 50
舵机 管脚# 7
角度 (0~180) 90
延时(毫秒) 50
```

❼ 主程序模块

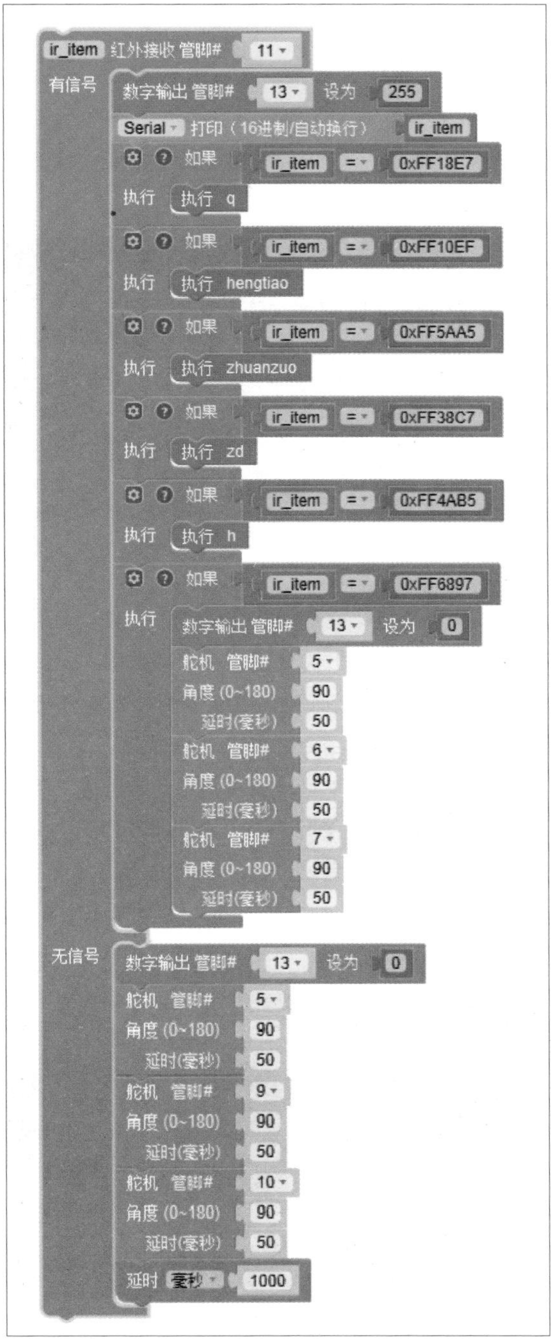

```
ir_item 红外接收 管脚# 11
有信号
    数字输出 管脚# 13 设为 255
    Serial 打印（16进制/自动换行） ir_item
    如果 ir_item = 0xFF18E7
    执行 执行 q
    如果 ir_item = 0xFF10EF
    执行 执行 hengtiao
    如果 ir_item = 0xFF5AA5
    执行 执行 zhuanzuo
    如果 ir_item = 0xFF38C7
    执行 执行 zd
    如果 ir_item = 0xFF4AB5
    执行 执行 h
    如果 ir_item = 0xFF6897
    执行 数字输出 管脚# 13 设为 0
         舵机 管脚# 5
         角度 (0~180) 90
         延时(毫秒) 50
         舵机 管脚# 6
         角度 (0~180) 90
         延时(毫秒) 50
         舵机 管脚# 7
         角度 (0~180) 90
         延时(毫秒) 50
无信号
    数字输出 管脚# 13 设为 0
    舵机 管脚# 5
    角度 (0~180) 90
    延时(毫秒) 50
    舵机 管脚# 9
    角度 (0~180) 90
    延时(毫秒) 50
    舵机 管脚# 10
    角度 (0~180) 90
    延时(毫秒) 50
    延时 毫秒 1000
```

演示视频

技术宅教你自制全向麦克纳姆轮战车

◇ 陈众贤　李嘉诚

让我们来想象一个场景（见图 3.1）：你深夜开车回家，在小区里转了一圈又一圈，好不容易找到一个车位，但是发现前面的车乱停，剩下的空间正好只能停放你的车，连一点空隙都不给你，你说怎么办？

视频演示二维码

眼睁睁地看着一个车位就是停不进，是不是很不爽？是不是很恼火？于是，新的组合开始了，你有没有想过，当横行霸道的螃蟹遇到了汽车，会发生什么？

这就是神奇的麦克纳姆轮，请感受一波神奇的操作：横向入库（见图 3.2）。

■ 图 3.3 其他运用了麦克纳姆轮的机器人

麦克纳姆轮具有神奇的全向行动能力，受到很多机器人爱好者青睐，例如 RoboMaster 机甲大师比赛中，一些机器人采用的就是麦克纳姆轮（见图 3.3）。

但麦克纳姆轮动辄几百元的价格，让热爱它的小伙伴们望而却步。那是否麦克纳姆轮就与我们普通创客爱好者无缘了呢？当然不是，本教程就教你自制麦克纳姆轮，并用

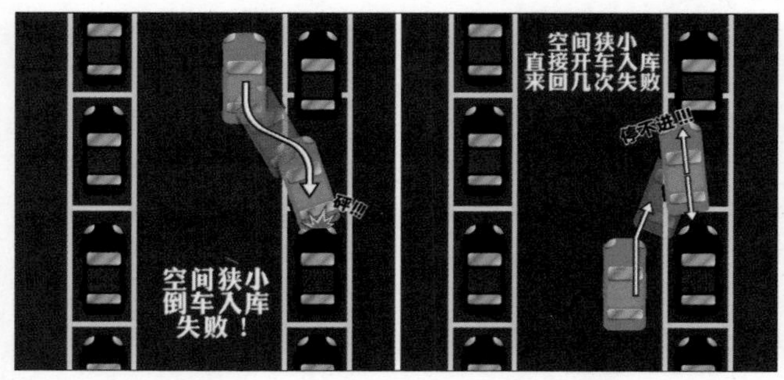

■ 图 3.1 制作初衷

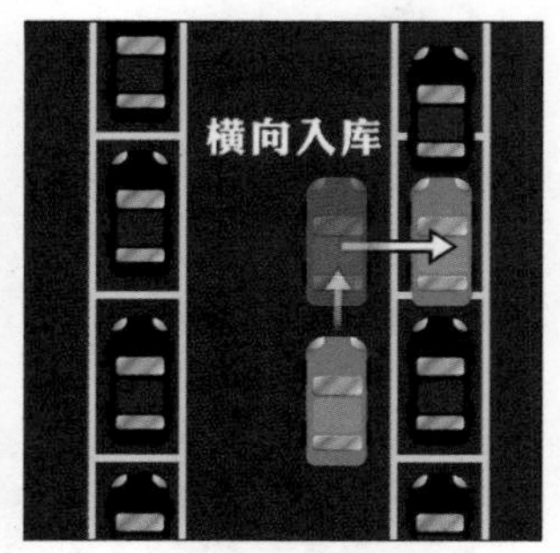

■ 图 3.2 设计目标

麦克纳姆轮与其他材料制作出一辆麦克纳姆轮战车。只要你身边有 3D 打印机和激光切割机（可选），就跟我一起制作出一辆全向小车吧!

表 3.1　制作麦克纳姆轮所需材料与工具

材料或工具	数量
26mm 大头针	36 枚
3D 打印麦克纳姆轮零件	4 套
9mm 热缩管	若干
热风枪	1 把
502 胶水	1 瓶
美工刀	1 把
镊子	1 把

3.1　自制麦克纳姆轮

制作麦克纳姆轮所需材料与工具见表 3.1。

❶ 将麦克纳姆轮模型用 3D 打印机打印出来，每个轮子由 1 个大轮与 9 个从动轮组成。左旋与右旋模型各打印两个，从动轮左右通用，打印 4×9=36 个。

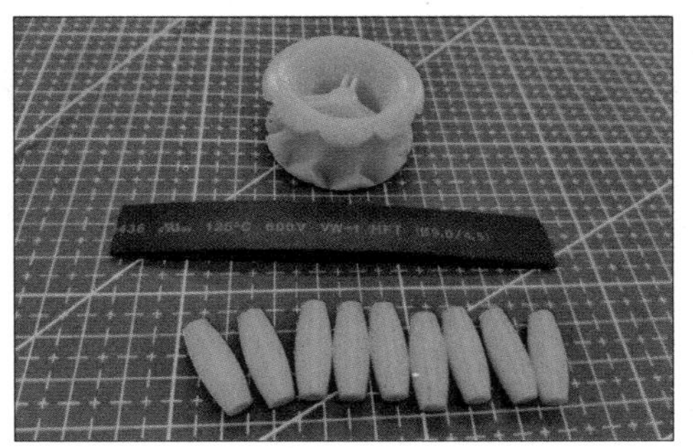

❷ 将热缩管裁剪至适当长度套在小从动轮上，用镊子夹住，使用热风枪加热热缩管，使热缩管受热缩紧，最后使用美工刀将边缘多余的热缩管割掉，每个小从动轮都如此加工。

❸ 用大头针穿过从动轮并固定在大轮上，确保足够顺滑即可 .

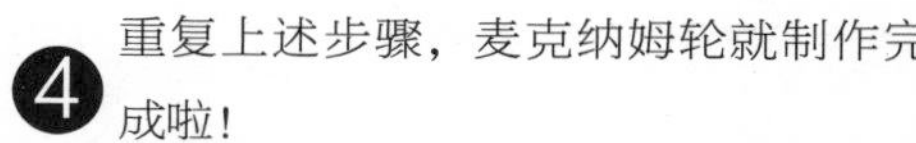

4 重复上述步骤，麦克纳姆轮就制作完成啦！

表 3.2 电路部分所需材料

材料名称	数量
Arduino 核心控制板 Athena	1 块
电机驱动板	2 块
超声波模块	1 个
7.4V 锂电池	1 块
激光切割木板结构件	1 套
电机	4 个
杜邦线、导线	若干
铜柱、螺丝	若干
塑料销钉	若干

3.2 电路部分

接下来就要开始制作战车的电路部分了。在制作控制电路之前，我们先来进行一步简单的操作：在战车底盘上安装电机。用塑料销钉和电机固定座将 4 个 N20 减速电机分别固定在激光切割好的木板底盘上，将麦克纳姆轮安装在电机轴上，如图 3.4 所示，底盘就制作完成啦。

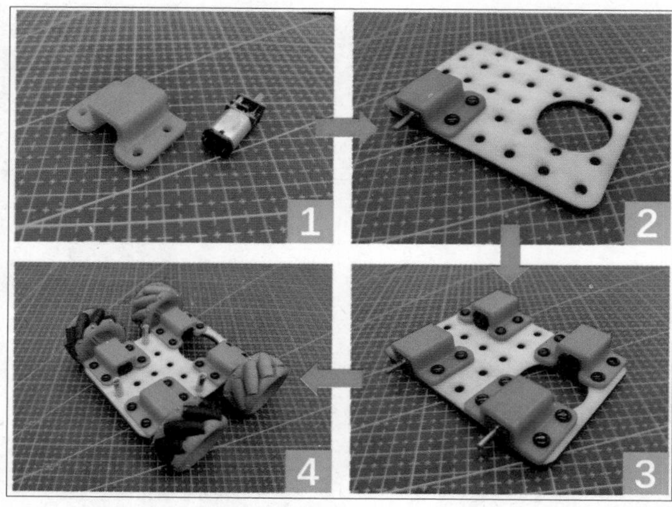

图 3.4 制作麦克纳姆轮战车底盘

电路部分所需材料见表 3.2，材料实物如图 3.5 所示。

接下来我将进行麦克纳姆轮战车控制电路部分的制作。

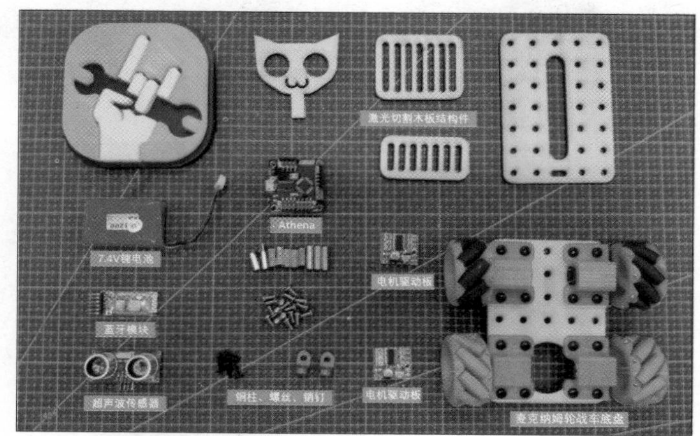

图 3.5 电路部分实物

❶ 首先将电机与电机驱动板之间焊接好导线，并将各电机信号线以及电源线用杜邦线母头引出待用。

❷ 准备好前挡板、电池仓挡板以及固定件。

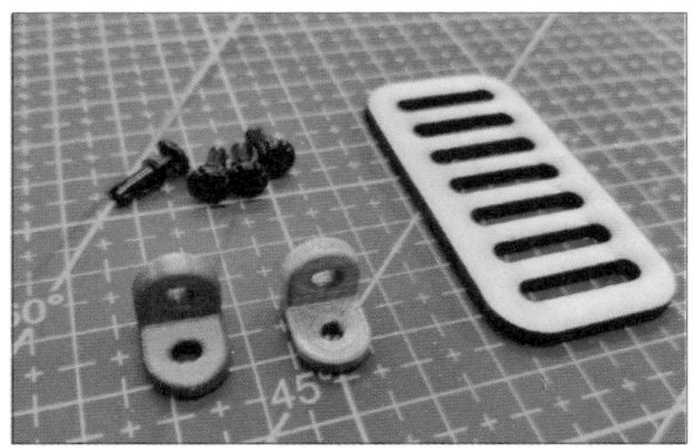

❸ 安装好电池仓与前挡板。

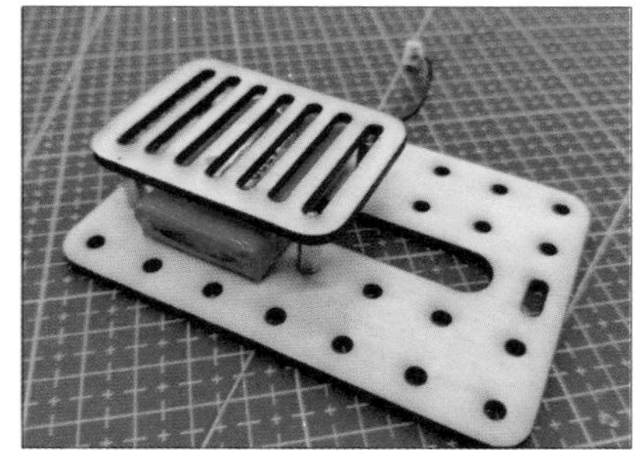

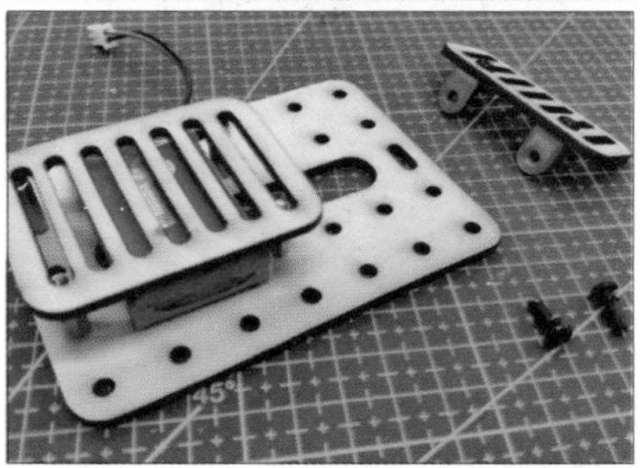

❹ 将 Arduino 核心控制板 Athena 固定好后，将底板引出信号线与电源线接好。共 8 根信号线控制 4 个电机的正反转。

❺ 将超声波模块和固定座固定好后装在小车上。适当移动电池与零件位置，将小车重心保持在小车中间位置，至此，麦克纳姆轮战车就完成啦！

❻ 其实它还能换头像呢，我用激光切割出一个酷炫的“麦熊头像”。

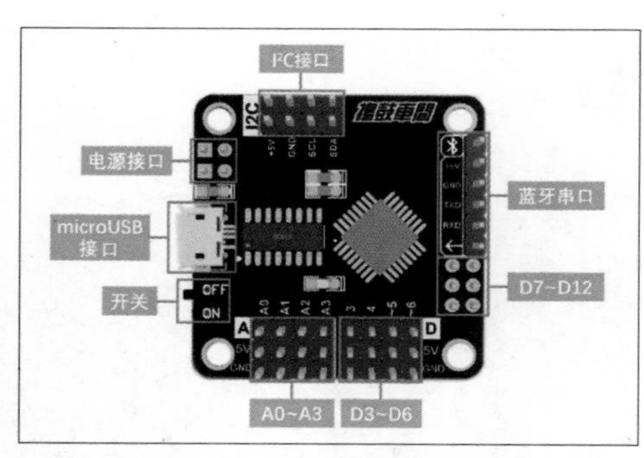

■ 图 3.6 Arduino 核心控制板 Athena

此小车采用的是捣鼓车间出品的 Arduino 核心控制板 Athena（见图 3.6），它自带传感器与蓝牙接口，可以满足大部分项目需求。

无论是 Arduino Uno 还是 Arduino Nano，都只有 6 个 PWM 口（编号分别为 3、5、6、9、10、11），无法满足控制 4 个电机，共需要 8 个接口输出 PWM 信号的需求。Arduino MEGA2560 有 8 个以上的 PWM 接口，但体积过大，不适合该项目。我在引脚分配上做出了调整，使用 4 个 PWM 接口与 4 个数字口就可以实现 4 个电机的调速，我们知道 PWM 就是数字口的占空比，当引脚为低电平输出 PWM 信号时，可以

表 3.3 调速说明

直流电机	旋转方式	IN1（PWM）	IN2	IN3（PWM）	IN4
Motor-A	正转（调速）	1/PWM	0		
	反转（调速）	0/PWM	1		
	待机	0	0		
	刹车	1	1		
Motor-B	正转（调速）			1/PWM	0
	反转（调速）			0/PWM	1
	待机			0	0
	刹车			1	1

注：表中“1”代表高电平，“0”代表低电平，“PWM”代表调制脉宽波。IN1、IN2 控制电机 A，IN3、IN4 控制电机 B。

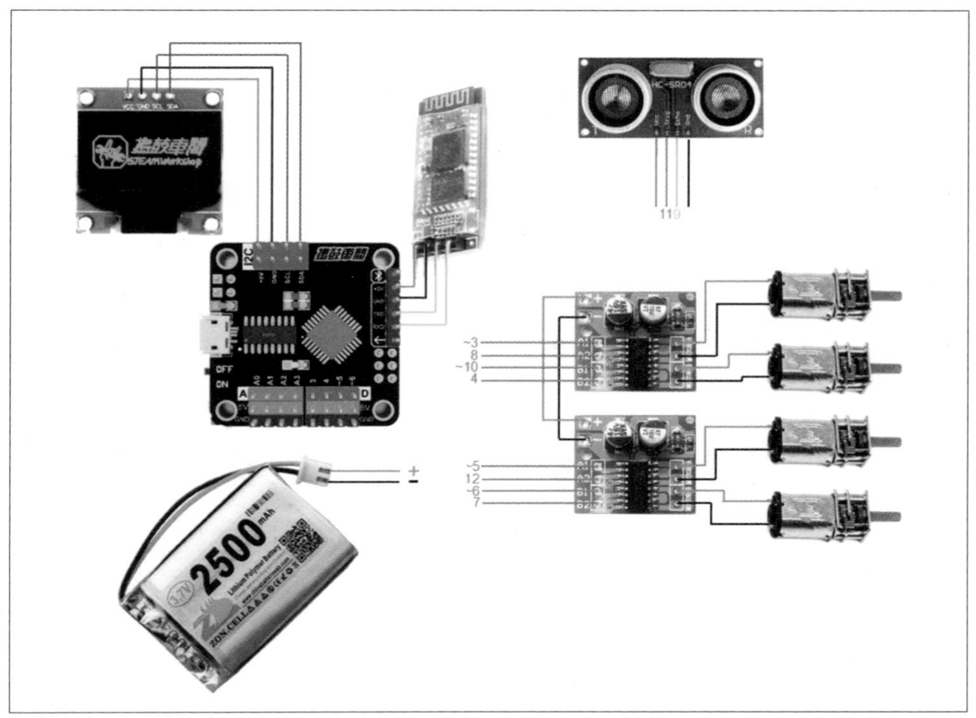

■ 图 3.7 整个麦克纳姆轮战车电路的连接方式

调节速度数值为 0~255，该数值为 255 时电机转速最快；反之，当引脚为高电平输出 PWM 信号时，调节速度数值也是 0~255，数值为 255 时电机停止，PWM 输出 0 时电机转速最快。这样，只需要在程序中调节 PWM 信号的参数与数字口的输出，就可以控制电机的速度与旋转方向了，调速说明见表 3.3。

有了 Arduino 核心控制板 Athena 的介绍和 PWM 调速说明，整个战车的电路就很简单啦，电路连接方式如图 3.7 所示。

3.3 程序编写

麦克纳姆轮与普通轮子的区别在于麦克纳姆轮旋转时，由于存在斜向的从动轮，会同时产生一个斜向的力，当我们控制轮子旋转的速度与方向时，将斜向的力增强或抵消，就可实现小车的全向移动，完成横方移、斜方向移动等普通小车无法完成的高难度动作，如图 3.8 所示。

麦克纳姆轮战车采用手机 App 遥控的方式来进行操作，手机端控制采用的是现成的“可控 Ctrl” App，手机与战车之间通过蓝牙通信，手机端通过摇杆控制小车的全向移动。

麦克纳姆轮战车下位机端的编程思路是：摇杆通过蓝牙返回 Joy_x 与 Joy_y 两个变量，最大为 1，最小为 -1，两坐标遍

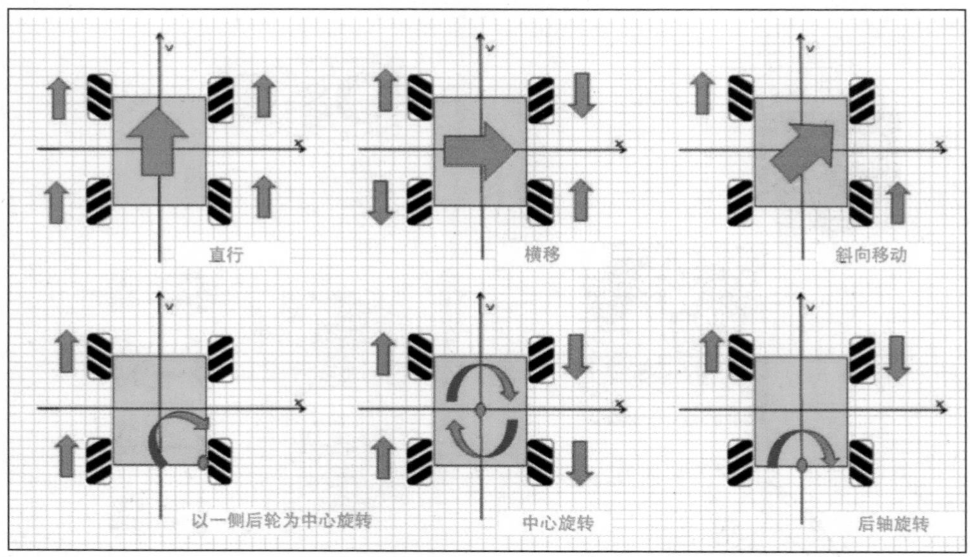

■ 图 3.8 麦克纳姆轮全向移动原理解析

历半径为 1 的圆内。程序中有 8 个方向移动的子程序，程序思路是摇杆活动半径大于 0.5 以后，开始判断属于哪个范围内，并执行相对应的子程序。最开始采用的是判断坐标范围，发现效果并不理想，最终采用通过计算 tan 值判断该点所在象限，从而判断该点所在的区域，这样的方法在内圆内不作执行指令，方便操作。另外可以将整周的圆八等分，算法简洁可靠。摇杆部分算法如下，完整程序请从本书下载平台（见目录）下载。

```
Joy_x = obj.getJoyX();
Joy_y = obj.getJoyY();
Grav_x = obj.getGravX();
Grav_y = obj.getGravY();
item = checkdistance_11_9();
if ((Joy_x * Joy_x + Joy_y * 
Joy_y) > 0.25) { // 求tan值，分四
象限分析数据
  if (Joy_x > 0 && Joy_y > 0) { 
// 第一象限
    if (Joy_y / Joy_x < 0.414) {
      xiangyou();
    }
    else if (Joy_y / Joy_x > 2.414)
    {
      qianjin();
    }
    else youshang();
  }
  if (Joy_x < 0 && Joy_y > 0) { 
// 第二象限
    if (Joy_y / Joy_x > -0.414) {
      xiangzuo();
    }
    else if (Joy_y / Joy_x < -2.414)
    {
      qianjin();
    }
    else zuoshang();
  }
  if (Joy_x < 0 && Joy_y < 0) { 
// 第三象限
    if (Joy_y / Joy_x < 0.414) {
      xiangzuo();
    }
    else if (Joy_y / Joy_x > 2.414)
    {
      houtui();
```

```
    }
    else zuoxia();
  }
  if (Joy_x > 0 && Joy_y < 0) {
// 第四象限
    if (Joy_y / Joy_x > -0.414) {
      xiangyou();
    }
    else if (Joy_y / Joy_x <
-2.414) {
      houtui();
    }
    else youxia();
  }
```

```
  }
  else Stop();
  if (abs(Grav_y) > 10) {
    if (Grav_y < -10) {
      zuoxuan();
    }
    else if (Grav_y > 10) {
      youxuan();
    }
  }
  delay(10);
```

至此，完整的麦克纳姆轮战车就制作完成啦！

04 履带车

◇ Mingming.Zhang

大家都知道坦克是英国的斯温顿发明的，但有谁知道履带是谁发明的？

最早的拖拉机使用的是铁轮，不仅笨重、容易陷车，而且经常会压伤植物的根。早在蒸汽汽车诞生后不久的 19 世纪 30 年代，就有人设想给汽车轮子套装木头和橡胶制作的“履带”，让沉重的蒸汽汽车能在松软的土地上行走，但是早期的履带性能和使用效果并不好。直到 1901 年，美国的伦巴德在研制林业用牵引车辆时，才发明出第一条实用效果较好的履带。图 4.1 所示是 1910 年研制的雪地车，它使用皮革、橡胶等材料制造履带。

我从第一次开始玩电子产品，就对小车情有独钟，我打算制作图 4.2 所示的这么一

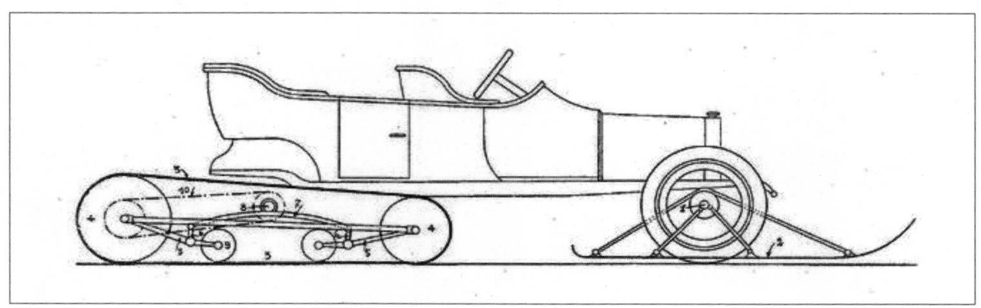

■ 图 4.1 1910 年研制的雪地车使用了履带结构

■ 图 4.2 履带车 3D 设计稿

小知识：世界上第一种正式参战的坦克

第一次世界大战期间，1916 年 9 月 15 日，为了能尽早打破僵局，英军在索姆河战役中使用了坦克。这是世界战争史上第一次使用坦克作战。当时英军投入战场的是 Mark Ⅰ 型坦克（见图 4.3），该坦克重达 28t，外轮廓呈菱形状，车体两侧履带架上有突出的炮座，两条履带从顶上绕过车体，车后伸出一对转向轮。该坦克有“雄性”和“雌性”两种，均可乘坐 8 人。“雄性”装有 2 门 57mm 火炮和 4 挺机枪，“雌性”仅装 5 挺机枪。

■ 图 4.3 Mark Ⅰ 型坦克

辆车。

有关履带车的史料小知识如图 4.3 所示。

我总结了一下大概的制作流程（见图 4.4），有如下几步。

（1）3D 打印机选型或者 DIY、耗材的选择、打印前期的调试。

（2）Cura 软件的高级选项的设置、3D 打印。

（3）51 单片机的选型、Keil for C51 的工程建立。

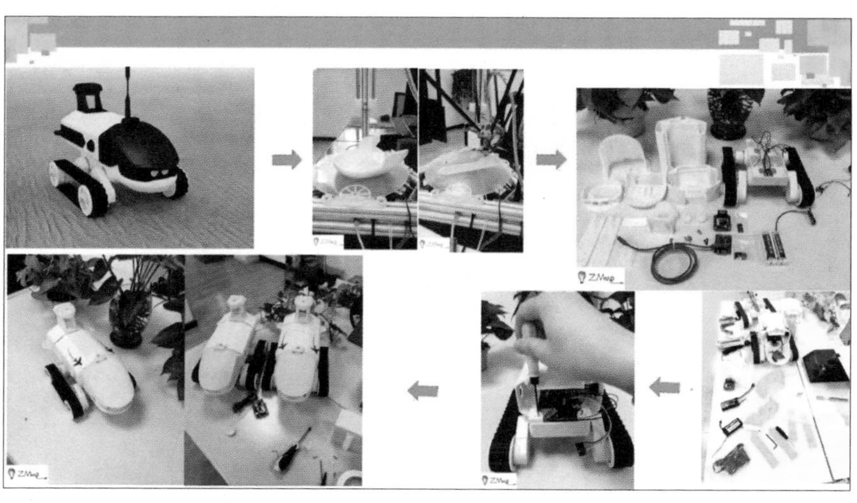

■ 图 4.4 大概的制作流程

表 4.1　需要准备的工具

Overlord Pro 3D 打印机
复合 PLA 耗材
基本的组装工具

表 4.2　制作所需的材料

STC89C52RC 单片机
L298N 2 路电机驱动芯片
蓝牙 4.0 模块
18650 可充电电池 ×2
蓝牙 4.0 microUSB 充电模块
圆形开关以及各种 M3 的内六角螺丝

（4）HEX 文件的下载设置、电路连接。

（5）手机端 App 的连接。

制作出的履带车采用黄白配色，简约中带点科幻味道。对称的小侧翼、远程监控和夜视摄像头等给人以机械战警的即视感。

4.1　模型打印

我用开源切片软件 Cura 进行打印，模型的参数设置如图 4.5 所示。

我对比了三角形（并联臂）结构的 3D 打印机和方形（XYZ、CoreXY）结构的 3D 打印机，前者的打印速度比后者快 40%。为了节约打印时间，我一般选择使用三角形结构的 3D 打印机。

4.2　组装细节

需要准备的工具见表 4.1，制作所需的材料如图 4.6 和表 4.2 所示。

将圆形开关塞进圆形空洞，将电池装进壳体的电池仓并连接好 microUSB 充电模块，将主体安装到车底盘上（车底盘是我买的路虎 5 代履带底盘），接下来固定车头（见图 4.7）。

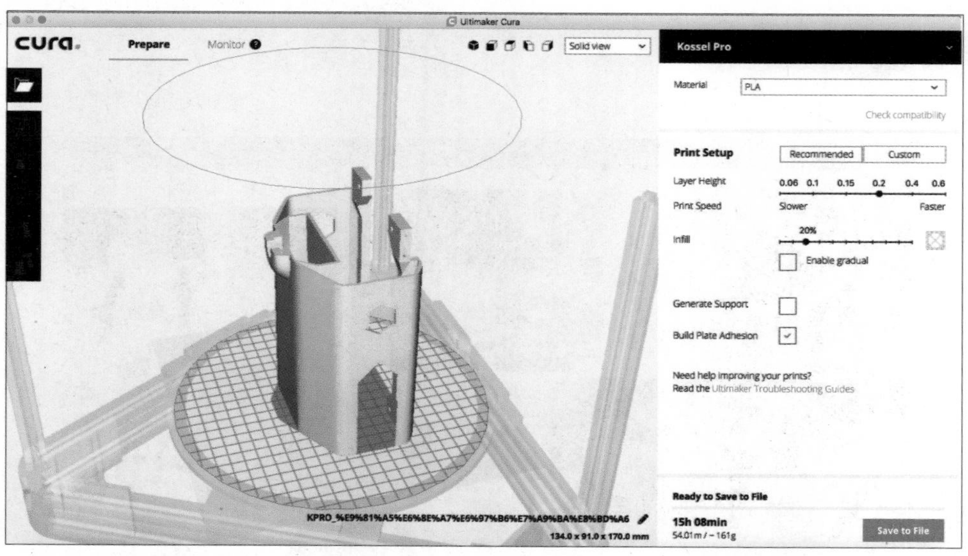

■ 图 4.5 打印参数设置

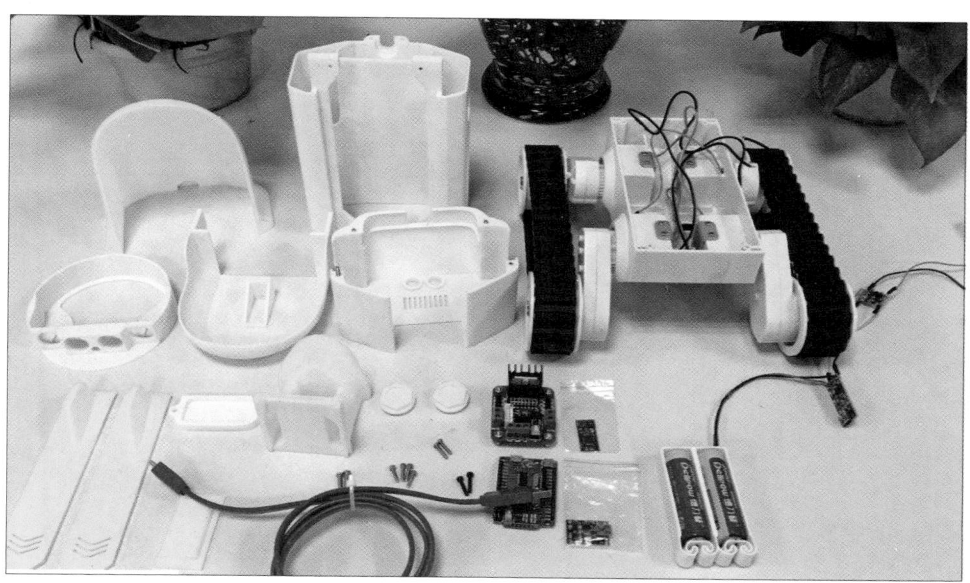

■ 图 4.6 制作所需的材料

4.3 编写代码

这款履带车的主要功能是移动远程监控，我用 Keil Software 出品的 51 系列兼容单片机 C 语言软件开发系统 Keil C51 完成软件开发（见图 4.8），它可以完成编辑、编译、连接、调试、仿真等整个流程，生成的汇编代码也很紧凑、容易理解。

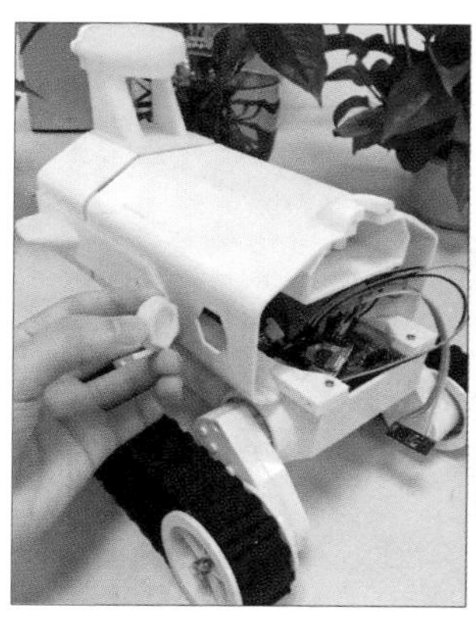

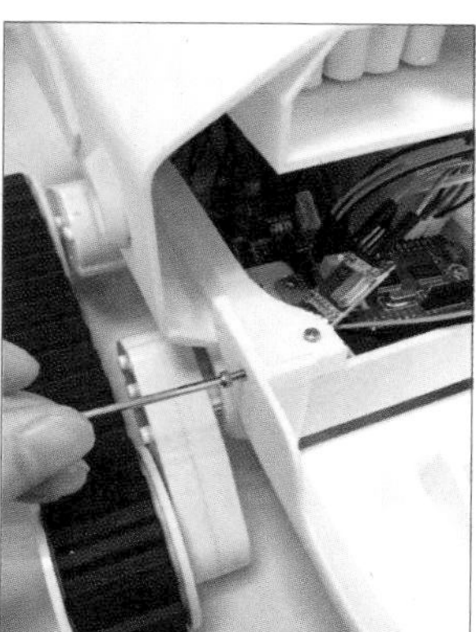

■ 图 4.7 组装过程

■ 图 4.8 Keil C51

05 物联网“铲屎官神器”

◇ 陈国钏

相信生活中有很多兢兢业业的“铲屎官”，在家伺候“猫主子”习惯了，一旦外出，心里不免觉得比较担心，特别是处女座的“铲屎官”。虽然有网络摄像头，但不能时刻关心“猫主子”的情况、吸吸猫也是大大的遗憾。没关系，有了 DFRobot 的 OBLOQ-IoT 模块，再结合 micro:bit 硬件，就可以做出让“猫主子”疯狂点赞的物联网“铲屎官神器”。制作所需的材料见表 5.1。

表 5.1 制作所需的材料

micro:bit（见图 5.1，至少 2 个）
Micro:Mate 多功能 I/O 扩展板（见图 5.2）
BitRobot 小车（见图 5.3，其实能用 micro:bit 驱动的小车都可以）
Gravity:UART OBLOQ 物联网模块（见图 5.4）
彩色 LED 灯带
DMS-MG90 金属 9g 舵机
纸盒等各种基础材料

图 5.1 micro:bit

图 5.2 Micro:Mate 多功能 I/O 扩展板

图 5.3 BitRobot 小车

■ 图 5.4 Gravity:UART OBLOQ 物联网模块

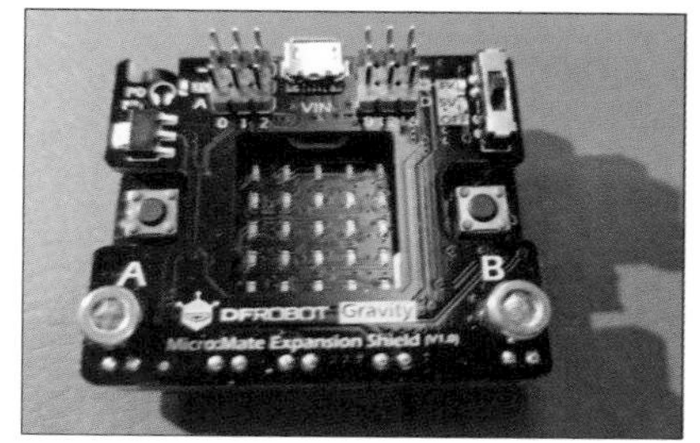

■ 图 5.5 连接 micro:bit 和 Micro:Mate

5.1 设计思路

首先，我们可以结合网络摄像头，看看猫在家的情况，再基于物联网模块控制物联网“铲屎官神器”去和猫互动，可以加入控制猫粮的机关、吸引猫兴趣的创意、可移动的逗猫模块等。

5.2 撸起袖子，动手造物

这里我把物联网“铲屎官神器”分成移动底座和上层功能两大部分。其实原设想至少有 3 大部分，还有一个即时控制小车的 micro:bit，由于我手边只有 2 个 micro:bit，就舍弃了这个部分，如果用 3 块板，可玩性会更高。

首先，我们来聊聊上层功能部分的设计，这里要实现的功能有：猫粮控制、环绕式 LED、物联网功能模块、对移动底座的控制、环境监测。

我们先连接 micro:bit 和 Micro:Mate（见图 5.5），把它们放入纸盒中。

将物联网模块、舵机、LED 灯带依次连接到 Micro:Mate 相应的接口上，将物联网模块与 Micro:Mate 的串口连接，P2 TX 连接 RX，P1 RX 连接 TX（见图 5.6），舵机连接 P8，LED 灯带连接 P16。

用移动电源供电，将 Micro:Mate 的供电开关切换到 5V（见图 5.7）。

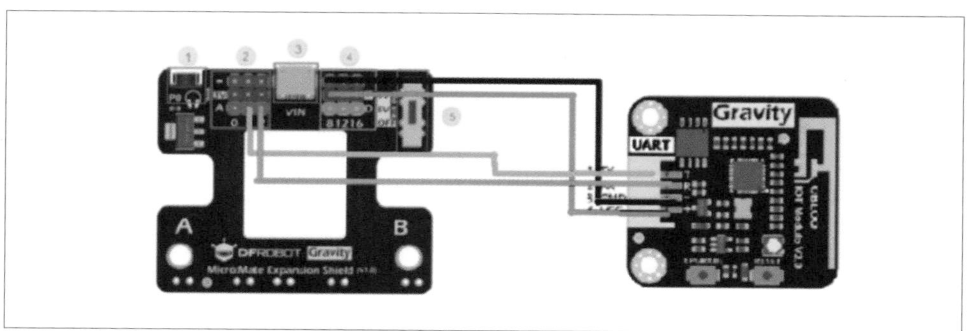

■ 图 5.6 物联网模块与 Micro:Mate 的连接方法

■ 图 5.7 用移动电源供电

■ 图 5.8 对纸盒做必要的改造

对纸盒做必要的改造，如钻孔、固定、美化等，我美术功底有限，大家可以多提意见（见图 5.8）。

5.3 编写程序

有了基础外观，接下来就是编写程序了。首先登录 DFRobot EASY-IoT 物联网平台，进行必要的基础设置（注册与登录步骤略），然后进入 micro:bit 编程平台 MakeCode，也可以使用离线版编辑器，单击“高级”→“添加软件包”，添加 OBLOQ 软件包，完成后就可以进行基础设置了。将刚才记录下来的信息和家里 Wi-Fi 账号信息输入积木块，把无线设置组设为固定数值并记住。在初始化程序最后要发送一个信息，说明物联网功能正常启用，这里我发送了字符“OK”（见图 5.9）。

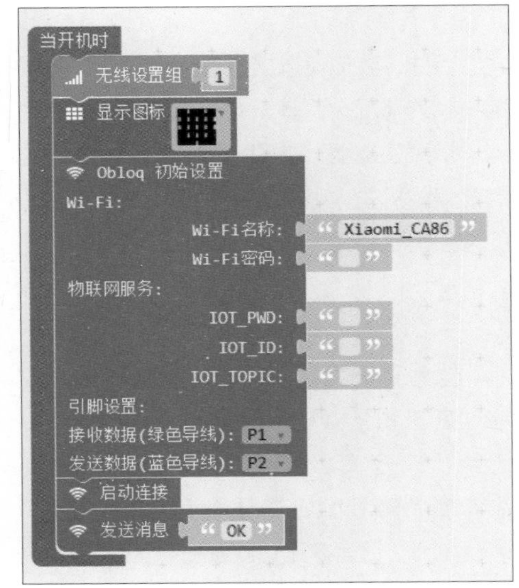

■ 图 5.9 初始化程序

物联网模块接收到消息后，我们就可以对字符串进行判断了，如果是特定的内容，就对应执行各种功能。当我们通过网络摄像头发现“猫主子”饿了，就可以通过手机或计算机登录 DFRobot 的 IoT 平台发送命令 kai，让舵机将盖子打开一定角度，露出里面的猫粮。怕“猫主子”吃太多，就可以发送 guan，将舵机角度设置为 0，关闭盖子。如果要控制逗猫用的 LED 灯带，也可以通过物联网平台发送 liang、mie 等命令（见图 5.10）。

针对等一下要用到的移动底座，我们也可以先设计要用到的指令，当接收到特定的信息时，发送信息给移动底座上的 micro:bit。这里我用 q 表示前进，接收到 q 就无线发送数字 1 给移动底座，底座接收到 1，就向前移动。其他的功能是一样的，就

```
在obloq收到消息时运行 message
  如果为 message = "guan"
  则 向伺服机构 引脚 P8（只能写入） 写入 0
  如果为 message = "kai"
  则 向伺服机构 引脚 P8（只能写入） 写入 10
     暂停（ms） 150
     向伺服机构 引脚 P8（只能写入） 写入 30
     暂停（ms） 150
     向伺服机构 引脚 P8（只能写入） 写入 50
     暂停（ms） 150
     向伺服机构 引脚 P8（只能写入） 写入 70
  如果为 message = "liang"
  则 向 引脚 P16 数字写入值 1
  如果为 message = "mie"
  则 向 引脚 P16 数字写入值 0
```

■ 图 5.10 控制舵机、LED 灯带的命令

```
在obloq收到消息时运行 message
  如果为 message = "q"
  则 无线发送数字 1
  如果为 message = "z"
  则 无线发送数字 2
  如果为 message = "y"
  则 无线发送数字 3
  如果为 message = "t"
  则 无线发送数字 4
  如果为 message = "h"
  则 无线发送数字 5
  如果为 message = "zq"
  则 无线发送数字 10
```

■ 图 5.11 控制移动底座的命令

看我们如何定义这些功能，比如想让物联网“铲屎官神器”转几圈，就像跳个舞，就可以设置 zq 命令，用于执行特定动作（见图 5.11）。

micro:bit 本身就有不少好用的传感器，可不能浪费了，天气冷了、热了，“猫主子”都会不高兴，怪罪下来怎么办？所以必须严格检测家里的温度情况，冷了、热了赶紧发信息给物联网平台，否则报个平安（见图 5.12）。这里原本还要设置小车跌落等情况的警报，后来想想，不是有网络摄像头吗？应该不需要。

```
无限循环
  如果为 温度（°C） > 30 或 温度（°C） < 5
  则 发送消息 组合字符串 "wendu shi" 温度（°C） ",qing zhu yi"
  否则 发送消息 "wendu zheng chang"
  暂停（ms） 300000
```

■ 图 5.12 发送温度信息的程序

接下来编写小车部分的程序。为了便于支撑纸盒，我将向学生借来的 3D 打印外壳装在 BitRobot 小车上（见图 5.13），再用特殊的双面胶将纸盒固定到小车上（见图 5.14）。

■ 图 5.13 将 3D 打印外壳装在 BitRobot 小车上

■ 图 5.14 将纸盒固定到小车上

由于使用的是 BitRobot 小车，这里得进入 makeredu.net 进行编程，首先初始化，要注意无线设置组要和刚才的数值保持一致（见图 5.15）。

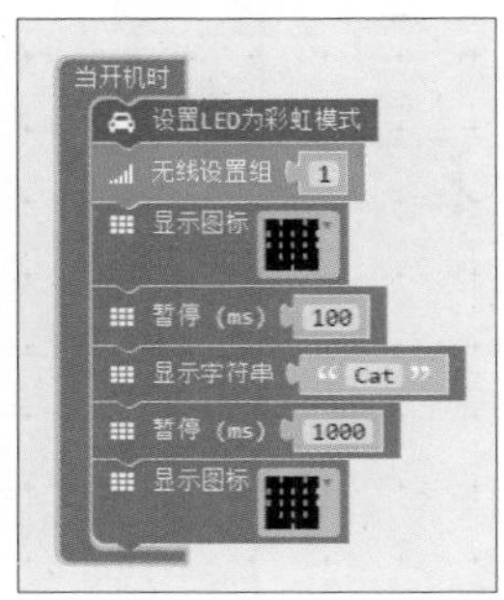

■ 图 5.15 小车初始化程序

小车在暗无天日的纸盒下比较“迷茫”，需要我们发送指定信息。当小车接收刚才设定的指令时，就会执行对应的功能。比如，接收到 1 就前进，接收到 2 就执行左转功能（见图 5.16）。这里我为了省事，将指令设置为数字，如果要更清楚，完全可以设置为字符。

至此，物联网“铲屎官神器”全部完成，但应该说这个作品只是个基础版，还可以扩展出各种强大的功能，比如可以加入高级灯光系统、避障系统、音效系统等。不得不感叹，物联网模块这个“神器”太好用了。作品分享就到这里，期待大家接住这块“砖”，做出更多脑洞大开的作品，将分享延续下去。

```
在无线接收到数据时运行 receivedNumber
  如果为 receivedNumber = 1
  则 马达 全部 速度 600
  如果为 receivedNumber = 2
  则 马达 左 速度 -600
     马达 右 速度 600
  如果为 receivedNumber = 3
  则 马达 右 速度 -600
     马达 左 速度 600
  如果为 receivedNumber = 4
  则 马达 全部 速度 0
```

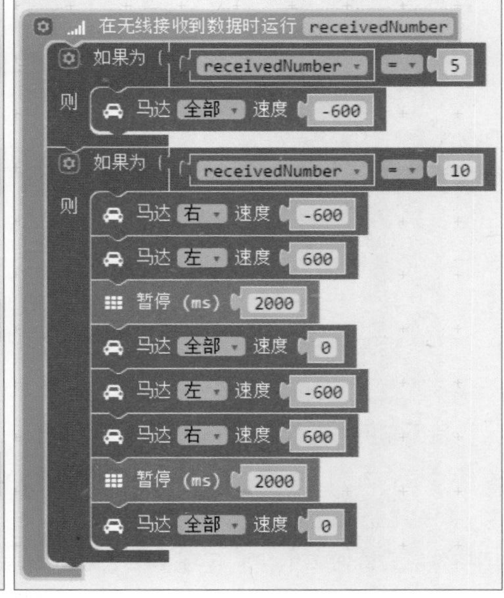

■ 图 5.16 控制小车的程序

逗宠萌物——宠物互动球形机器人

◇ 邓斌华 ◇ 插画：刘少冉

相信很多人都喜欢小动物，比如小狗或小猫，现在我分享一个好玩的小玩意——类似 Sphero 的球形机器人，可以用来逗猫遛狗。2016 年 5 月，我看到做 BB-8 机器人的泰哥做了一个遥控小球，我也好想做一个，可是他说计算机重装系统后建模文件没了。2016 年 8 月，我家来了一只好可爱的小流浪猫（见图 6.1），我正好在学习 Solidworks 三维建模，于是就决定自己试着做一个逗猫的“小球”。

小猫是不是好可爱呢？不过好瘦小啊。正好家里有老鼠，父母就把它收养下来了，我也正式成为一名“铲屎官”啦！过了不久，2016 年 10 月又来了一只小黄猫，就一起收养了，现在它们已经成了好朋友啦（见图 6.2）！

■ 图 6.1 机器人就是为这只小猫设计的

■ 图 6.2 好朋友

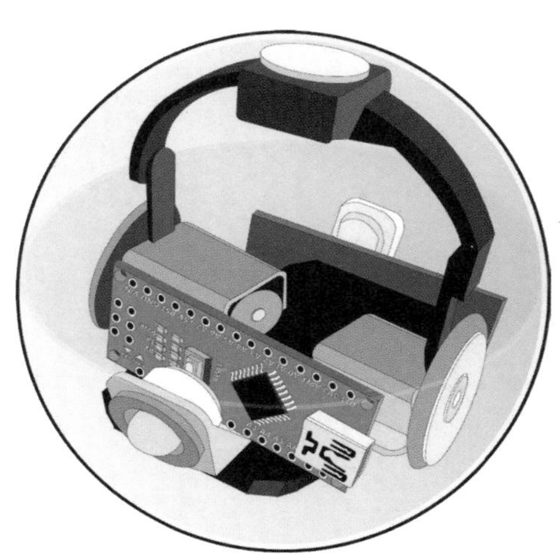

■ 图 6.3 3D 建模效果图

我一边学习 Solidworks 一边建模，断断续续地画，画了一个多月吧，建完模后又修改了好多遍才满意，最终完成的模型如图 6.3 所示。

表 6.1 制作所需的材料

编号	材料名称	数量
1	直径 8cm 的亚力克球	1（建议多买几个备用）
2	N20 减速电机，4mm 出轴，转速大约为 300r/min，6V	2
3	7.4V 锂电池 602540（SM 接口）	1
4	两路电机驱动板 drv8833	1
5	塑料牛眼轮	3
6	Arduino Nano（不焊排针）	1
7	HC05 或 HC06 蓝牙模块	1
8	橡胶圈	2
9	杜邦线、28 号硅胶线、热缩管、扎带	若干
10	M2×8 螺丝 +M2 螺母	14
11	3D 打印件	按 stl 文件说明打印（轮子多打印几个备用）

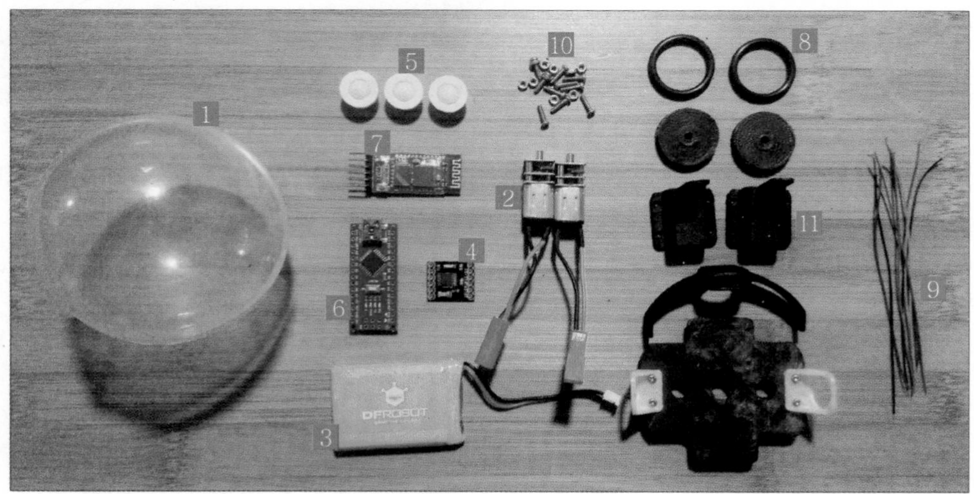

■ 图 6.4 制作所需的材料

制作所需的材料见表 6.1 和图 6.4。

橡胶圈是从图 6.5 所示的这种橡胶圈车轮上拆下来的，尺寸大约是外径 28mm、内径 25mm、线径 3mm。

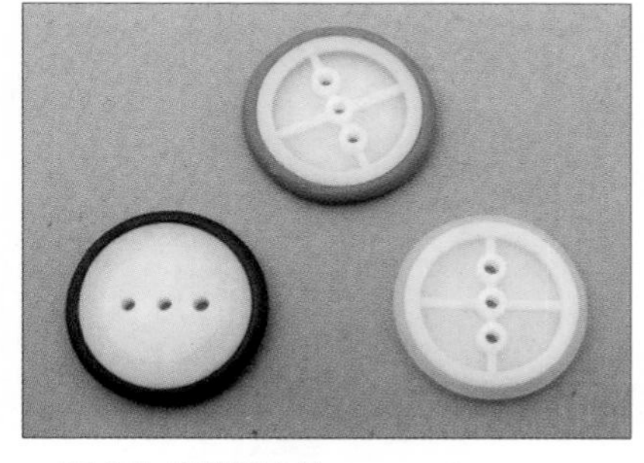

■ 图 6.5 橡胶圈车轮

想自己做这个制作的朋友可以自己到网上购买上面所列的零件，我在这里说说做小球时遇到的问题。我本来买了 Bluno Nano、3.7V 锂电池、HR8833 微型电机驱动板，结果发现没一个用得

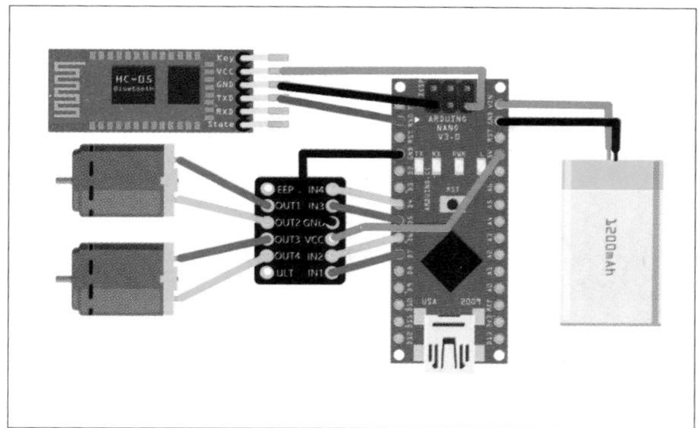

■ 图 6.6 硬件连接方法

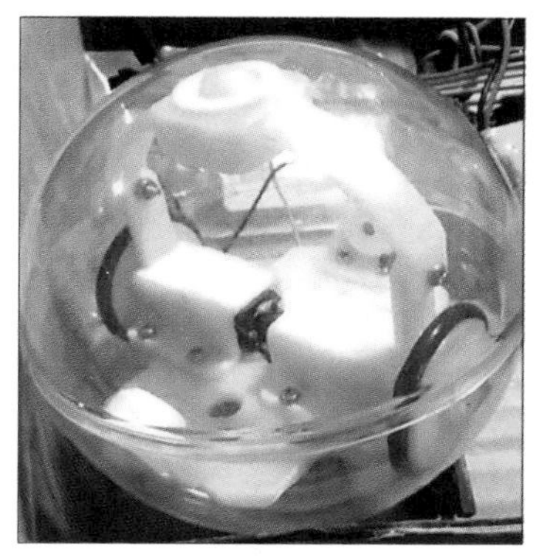

■ 图 6.7 球形机器人第一版

■ 图 6.8 底板

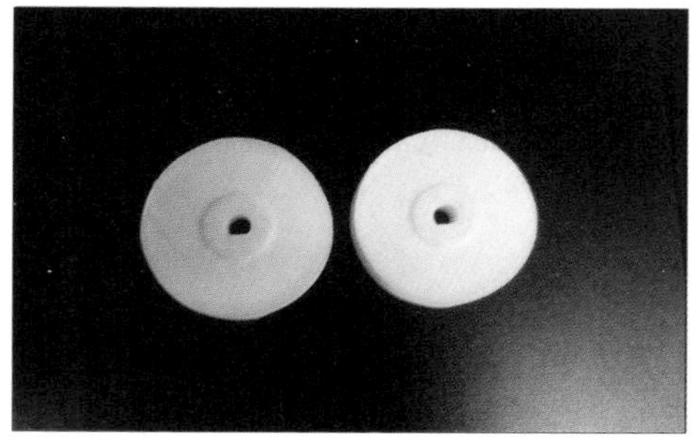

■ 图 6.9 D 形轴孔轮子

上。原来那个集成蓝牙功能的 Bluno Nano 是不通用的，蓝牙软件必须用官方提供的 App，不支持密码配对，我自己弄好的蓝牙遥控 App 用不了。HR8833 驱动板需要两个 5V 以上的电源才能工作，我还以为一个是电源输入，另外一个电源输出，折腾了一个多星期才搞懂了，真是每块板子都有它不工作的脾气啊！使用 3.7V 锂电池时，电机在启动瞬间会把电压拉低，导致蓝牙自动断开，然后小球将会失控，一直滚，停不下来，改用 7.4V 锂电池就没有问题了。

硬件连接方法很简单，和蓝牙小车的连接方法一样，如图 6.6 所示。

组装好零件，第一个版本内部尺寸小了，两边的牛眼轮距离外壳有个空隙（见图 6.7）。

我修改模型尺寸后，让别人重新打印，有了第二个版本。首先制作底板（见图 6.8），原来的圆形轴孔轮子容易打滑，后来改成 D 形轴孔轮子（见图 6.9），就再也不会打滑了。然后为 Arduino Nano 焊接连线（见图 6.10），接着焊接各个模块（见图 6.11）。

6.1 小球程序

```
#define IN1 4 // 引脚 4、5 控制右轮
#define IN2 5
#define IN3 6 // 引脚 6、7 控制左轮
```

■ 图 6.10 为 Arduino Nano 焊接连线

■ 图 6.11 焊接模块

```
#define IN4 7
#define SPINACW '6' //逆时针转编码
#define SPINCW '5' //顺时针转编码
#define RIGHT '4' //右转编码
#define LEFT '3' //左转编码
#define BACK '2' //后退编码
#define GO '1' //前进编码
#define STOP '0' //停止编码
int PWM_Speed; //PWM量输出
void setup() {
  Serial.begin(9600);//设置蓝牙波特率
  pinMode(IN1,OUTPUT);
  pinMode(IN2,OUTPUT);
  pinMode(IN3,OUTPUT);
  pinMode(IN4,OUTPUT);
  initCar();
  PWM_Speed=200;
}
void loop() {
  if(Serial.available()>0){
    char ch = Serial.read();
    if(ch == GO){
      //前进
      go();
      Serial.print("GO\n");
    }
    else if(ch == BACK){
      //后退
      back();
      Serial.print("BACK\n");
    }
    else if(ch == LEFT){
      //左转
      turnLeft();
      Serial.print("turnLeft\n");
    }
    else if(ch == RIGHT){
      //右转
      turnRight();
      Serial.print("turnRight\n");
    }
    else if(ch == STOP){
      //停止
      stopCar();
      Serial.print("stop\n");
    }
    else if(ch == SPINCW){
      //顺时针转编码
      spinCW();
      Serial.print("spinCW\n");
    }
    else if(ch == SPINACW){
      //逆时针自转
      spinACW();
      Serial.print("spinACW\n");
    }
  }
}
void initCar(){
  //默认全是低电平，停止状态
  digitalWrite(IN1,LOW);
  digitalWrite(IN2,LOW);
  digitalWrite(IN3,LOW);
```

```
  digitalWrite(IN4,LOW);
}
// 左转
void turnLeft(){
  analogWrite(IN1,PWM_Speed);
  digitalWrite(IN2,LOW); // 右轮前进
  digitalWrite(IN3,LOW);
  digitalWrite(IN4,LOW); // 左轮后退
}
// 右转
void turnRight(){
  digitalWrite(IN1,LOW);
  digitalWrite(IN2,LOW); // 右轮后退
  digitalWrite(IN3,LOW);
  analogWrite(IN4,PWM_Speed); //
左轮前进
}
  // 前进
  void go(){
  digitalWrite(IN1,HIGH);
  digitalWrite(IN2,LOW); // 右轮前进
  digitalWrite(IN3,LOW);
  digitalWrite(IN4,HIGH); // 左轮
前进
}
// 后退
void back(){
  digitalWrite(IN1,LOW);
  digitalWrite(IN2,HIGH); // 右轮
后退
  digitalWrite(IN3,HIGH);
  digitalWrite(IN4,LOW); // 左轮后退
}
// 顺时针自转
void spinCW()
{
  digitalWrite(IN1, LOW);
  digitalWrite(IN2, HIGH); // 右轮
后退
  digitalWrite(IN3, LOW);
  digitalWrite(IN4, HIGH); // 左轮
前进
}
// 逆时针自转
void spinACW()
{
  digitalWrite(IN1, HIGH);
  digitalWrite(IN2, LOW); // 右轮
前进
  digitalWrite(IN3, HIGH);
  digitalWrite(IN4, LOW); // 左轮
后退
}
// 默认停止
void stopCar(){
  initCar();
}
```

我感觉球形机器人的程序用 PWM 控制好像会好点。蓝牙模块先不要安装，先烧录程序，通过 Arduino IDE 串口发送字符测试电机转向，方向不对就修改子函数下的“digitalWrite(INX,HIGH 或者 LOW);”，测试好再装蓝牙模块。

蓝牙模块设置好后，再组装到 Arduino 上，我比较喜欢用杜邦线与蓝牙模块连接，不焊死，方便拆下来用到别的地方（见图 6.12）。第二版内部组装完成后如图 6.13 所示，电池用扎带捆绑在车体下方（见图

■ 图 6.12 蓝牙模块

■ 图 6.13 第二版内部组装完成

6.14）。装上球形外壳，机器人就制作完成了（见图 6.15）。

我在 GitHub 上找到了一个开源的 Android 蓝牙遥控 App，把源代码修改一下，就制作出了自己想要的遥控 App（见图 6.16）。我不会 iOS 编程，所以就没有 iOS 版 App 啦。

自定义编码默认值为：前进 1、后退 2、左转 3、右转 4、停止 0。滑动虚拟摇杆，

■ 图 6.14 用扎带把电池捆绑在车体下方

■ 图 6.15 球形机器人第二版

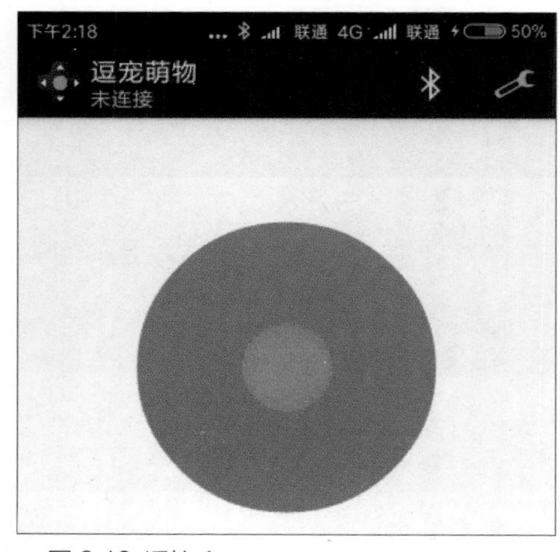

■ 图 6.16 遥控 App

上下左右分别控制前进、后退、左转、右转，松开为停止。这个 App 也可以作为其他蓝牙小车的遥控 App。

机器人运动时，内部的轮子靠摩擦力带动球形外壳滚动。

我做完小球和安卓程序觉得还不够好玩，于是看了两天 Processing 的资料，写出了用计算机通过蓝牙遥控小球的程序。

到 Processing 官网下载 IDE 安装，先让蓝牙模块连接计算机获取串口（可在设备管理器中查看），例如 COM3（不同计算机可能不一样），修改程序中的 String arduinoPort = "COM3";，再运行程序。

6.2 Processing 上位机程序

```
import processing.serial.*;
//加载 Serial 库
Serial port; //创建端口
char stop = '0'; //停止编码
char up = '1'; //前进编码
char down = '2'; //后退编码
char left = '3'; //左转编码
```

```
char right = '4'; // 右转编码
char CW = '5'; // 顺时针编码
char ACW= '6'; // 逆时针编码
void setup() {
 size(680, 480, P3D);
 //String arduinoPort = Serial.
list()[0]; // 方法 1，自动获取活动串口
 String arduinoPort ="COM3";
 // 方法 2，直接填入端口号
 port = new Serial(this,arduinoPort,
9600); //初始化端口( 指定端口和波特率 )
}
void draw() {
 // 文字
 text("up", 326, 156);
 text("down", 316, 335);
 text("left", 230, 240);
 text("right", 420, 240);
 // 按下键盘方向键从端口发送数据
 if (keyPressed && (key ==
CODED))
 {
  if (keyCode == UP) {
   port.write(up);
   fill(0);
   rect(315, 165, 50, 50);// 上
  }
  else if (keyCode == DOWN) {
   port.write(down);
   fill(0);
   rect(315, 265, 50, 50);// 下
  }
  else if (keyCode == LEFT) {
   port.write(left);
   fill(0);
   rect(265, 215, 50, 50);// 左
  }
  else if (keyCode == RIGHT) {
   port.write(right);
   fill(0);
   rect(365, 215, 50, 50);// 右
  }
 }
 else {
  stop();
 }
 // 普通键盘编码事件
 // 按键 a 为小球逆时针旋转，按键 d 为小
球顺时针旋转
 if(keyPressed){
  if (key == 'a'){
   port.write(ACW);// 逆时针自转
  }else if (key == 'd'){
   port.write(CW);// 顺时针自转
  }
 }
 else{
  stop();
 }
}
// 默认停止
void stop(){
 port.write(stop);
 fill(255, 255, 255);
 rect(315, 165, 50, 50); // 上
 rect(265, 215, 50, 50); // 左
 rect(365, 215, 50, 50); // 右
 rect(315, 265, 50, 50); // 下
}
```

Processing 上位机程序运行效果如图 6.17 所示，按键盘方向键上下左右分别控

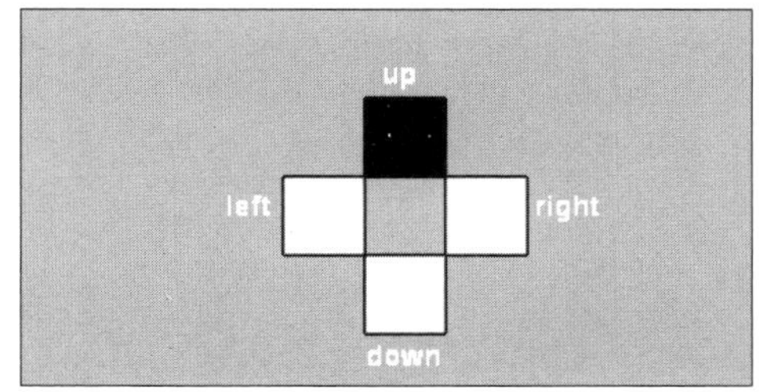

■ 图 6.17 Processing 上位机程序运行效果

制前进、后退、左转、右转，松开为停止。

有个不好的消息就是小黄猫走丢了，我也很伤心，所以抱歉没有逗猫视频了，好在第一只小猫还是很喜欢这个球形机器人的（见图 6.18）。我想静下心来学自己想学的，提高技术后才能做出更好玩的东西。最后感谢那些帮助过我的小伙伴（泰哥和 SC），因为我没有 3D 打印机，要找小伙伴帮忙。

■ 图 6.18 和宠物互动

用 Processing 控制机器人演示视频

整体功能演示视频

机器人在地面运行演示视频

桌面级植物宠物机器人 NEKO

◇ 张书放

通过将电子宠物与智能花盆相结合，我们不仅给机器人赋予了生命的特征，同时也能将植物无声的情感通过机器人来表达。我们以猫为原型，试图用猫的动作来表现植物的状态，并使用户与植物之间有更多交互的方式。

7.1 核心功能介绍

传感器及控制器清单见表 7.1。

（1）喂水：当土壤湿度传感器检测到植物缺水时，NEKO 会用 Intel RealSense 传感器自己找人，并把水盆“叼”到用户面前，同时会通过动耳朵和摇尾巴等肢体语言向用户传达缺水的信息，让主人及时用专用

表 7.1　传感器及控制器清单

模拟光线传感器 ×4
防跌落传感器 ×4
切诺基小车平台 ×1
舵机 ×5
迷你水泵 ×1
人体红外传感器 ×1
磁力传感器 ×1
土壤湿度传感器 ×1
Intel RealSense 传感器（SR300）×1

水壶 倒水。

（2）追光：平时 NEKO 会自己在桌面上有阳光的地方待着，用户可以用专门的小手电来逗它，它会追着光源跑去。

（3）充电：NEKO 有一个自己的小房子，每天晚上会自己回去充电。如果某天光照不足，小房子里装有紫外线灯，会自动给植物补充光照。

7.2 模型制作

1 在 3D 建模软件里先建立一个立方体。

2 再加点细节，让它拥有猫的形象。

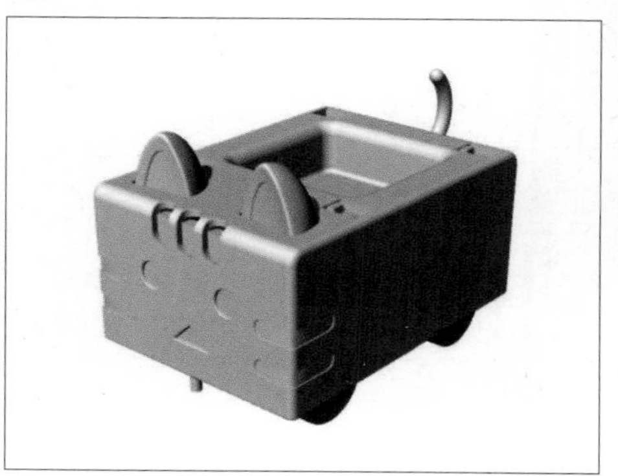

3 然后把小车塞进模型，再加以调整，让它们可以吻合。

4 切割模型。

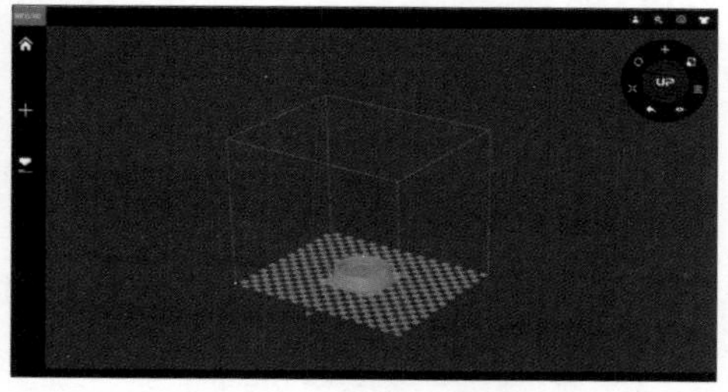

5 分块打印模型。

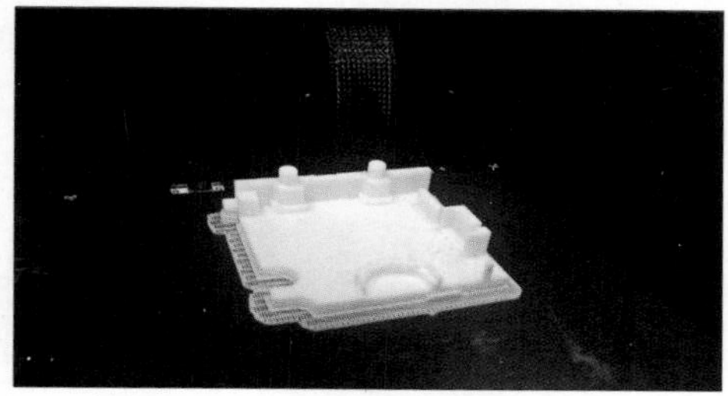

6 用 502 胶水黏合打印好的模型。

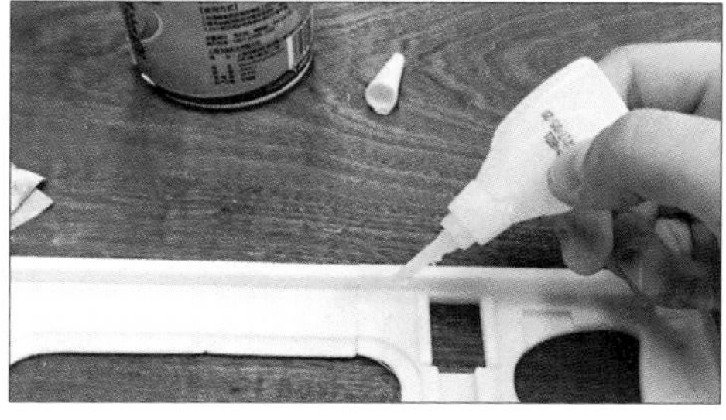

7 在模型外壳上抹泥子（原子灰）。

8 把小车放进去试试。

9 给小车外壳喷漆、上光油。

10 在外壳上安装传感器。

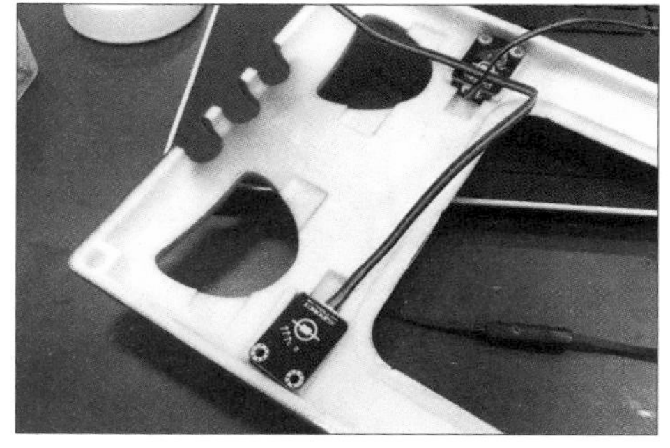

11 将传感器连接到小车上，进行调试。

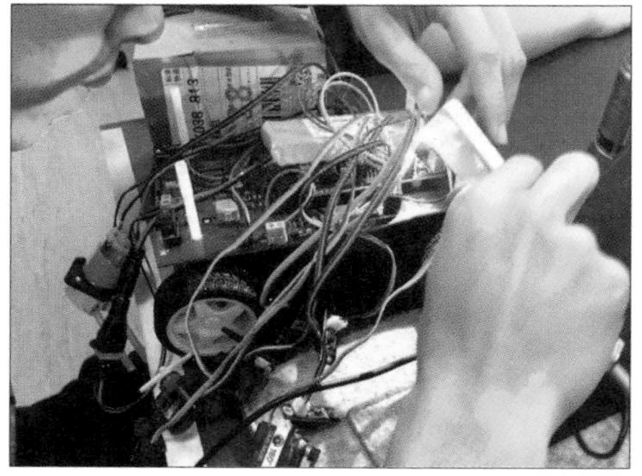

12 调试舵机。使用多舵机时一定要注意电压问题。

13 调试驱动系统。

14 整机测试。

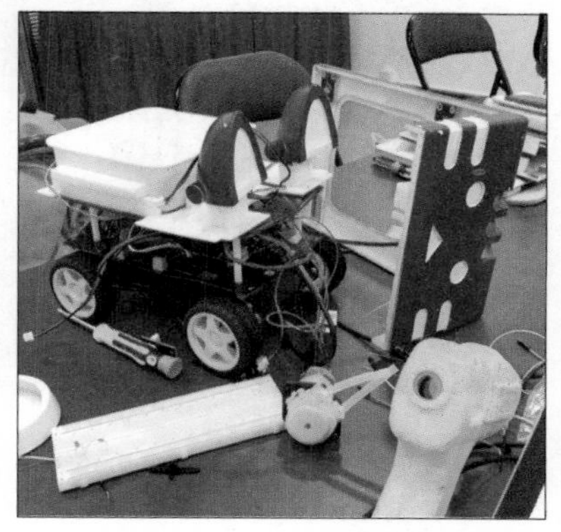

15 植物宠物机器人 NEKO 制作完毕。

7.3 程序

代码是这个制作的精髓，决定了这个机器人的行为是否真的像生物。由于代码很长而杂志空间有限，中间省略了部分类似的部分。4 个光敏传感器只启用了 3 个，第 4 个用于降低误差，暂未启用。代码没有写防跌落传感器的功能，因为使用过程中发现并不好用。

这是一个扩比原型机，目前我们正在进一步完善程序和 debug，有些传感器还没写入代码里，模型也正在进一步缩小，以更贴近初始尺寸。这是从植物开始的“生物义肢”，希望大家能够喜欢我们的项目。

```
#include <ArduinoJson.h>
//小车控制
#include<Servo.h>
#define speed_maxP 0
//极速正转(对应180° 舵机 0° 控制信号)
#define speed_maxN 180
//极速反转 (对应 180° 舵机 180° 控制信号)
```

```
#define speed_stop 90
// 停止（对应 180° 舵机 90° 控制信号）
#define speed_normalP 30
// 慢速正转（对应 180 度舵机 0° 控制信号）
#define speed_normalN 150
// 慢速反转（对应 180 度舵机 0° 控制信号）
Servo front_left_Motor;
Servo back_left_Motor;
Servo front_right_Motor;
Servo back_right_Motor;
//————模拟口————
int lgSP1=A1; //1 号光敏传感器
int lgSP2=A2; //2 号光敏传感器
int lgSP3=A3; //3 号光敏传感器
int moisturePin = A4; // 土壤湿度传感器
int realsensePin = A5; // RealSense 传感器
//参数变量
int moisture=0; // 土壤湿度
int dry=300; // 干燥值
int humidity=600; // 湿润值
int isDrinking=0; // 送到嘴边变量
int isPutback=0; // 盆放回背上变量
int pumpTime = 10000; // 水泵运行时间
int kiss = 0;
//————数字口————
int infraredPin = 2;
int magneticPin = 3;
int mouthSvPin=8; // 嘴舵机
int magnetSvPin=12; // 磁铁舵机
int pumpPin=13; // 水泵
//————舵机————
// 舵机定义
Servo magnetSv; // 磁铁舵机
Servo earLeftSv; // 耳朵左舵机
Servo earRightSv; // 耳朵右舵机
Servo mouthSv; // 嘴舵机
Servo tailSv; // 尾巴舵机
// 舵机引脚
int earLeftSvPin=10; // 耳朵左舵机
int earRightSvPin=9; // 耳朵右舵机
int tailSvPin=11; // 尾巴舵机
// 舵机参数
int earLeftPosRange=20;
// 耳朵左舵机的角度范围
int earLeftPosSet=100;
// 耳朵左舵机的角度中值
int earRightPosRange=20;
// 耳朵右舵机的角度范围
int earRightPosSet=75;
// 耳朵右舵机的角度中值
int tailPosRange=40;// 尾巴舵机的小角度
int tailPosSet=125;// 尾巴舵机的大角度
int mouthPosSet=110;
// 嘴舵机收起来的角度
int mouthPosPut=57;// 嘴舵机放下去的角度
int magnetPosSet=75;// 磁铁舵机的小角度
int magnetPosRange=165;
// 磁铁舵机的大角度
int earLeftPos=earLeftPosSet-earLeftPosRange; // 耳朵舵机的起始角度
int earRightPos=earRightPosSet+earRightPosRange; // 耳朵舵机的起始角度
int tailPos=tailPosSet-tailPosRange; // 尾巴舵机的起始角度
//int mouthPos=0; // 嘴舵机的角度变量
//int magnetPos=; // 磁铁舵机的角度变量
int earSlow=20;
// 耳朵角度书写时间间隔（慢）
int earNormal=15;
// 耳朵角度书写时间间隔（正常）
int earFast=10;
// 耳朵角度书写时间间隔（快）
int tailSlow=20;
// 尾巴角度书写时间间隔（慢）
int tailNormal=15;
// 尾巴角度书写时间间隔（正常）
int tailFast=10;
// 尾巴角度书写时间间隔（快）
int timeInterval=20;
// 磁铁和嘴书写时间间隔
int count=20; // 角度频次计数
int i=0; // 计数器
//————光敏传感器部分————
// 光敏传感器读数
int lgS10;
int lgS20;
int lgS30;
```

```
int lgS1;
int lgS2;
int lgS3;
int LR;
int FB;
//其他参数
int threshold=20;//开始阈值
int thresholdLR=100;
int thresholdFBMin=50;
int thresholdFBMax=300;
int state=0;
int sensitivity=100;
int reset = 0;
int H=500;
//————初始化————
void setup() {
  //电机初始化
  front_left_Motor.attach(4);
  back_left_Motor.attach(6);
  front_right_Motor.attach(5);
  back_right_Motor.attach(7);
  //其他口
  pinMode(infraredPin,INPUT);
  pinMode(moisturePin,INPUT);
  pinMode(magneticPin,INPUT);
  pinMode(pumpPin,OUTPUT);
  digitalWrite(pumpPin,LOW);
  //光敏口
  pinMode(lgSP1,INPUT);
  pinMode(lgSP2,INPUT);
  pinMode(lgSP3,INPUT);
  //环境光初始化
  delay(1000);
  lightReset();
  //舵机初始化
  earLeftSv.ttach(earLeftSvPin);
  earLeftSv.rite(earLeftPosSet);
  ……
  Serial.begin(9600);
}
//————主循环————
void loop() {
  moisture=analogRead(moistureP
in);
  Serial.print("土壤湿度=");
  Serial.println(moisture);
  if(moisture<dry){//找水触发
    Serial.println("干");
kiss=analogRead(realsensePin);
    hungry();
    if(kiss>500){//喝水
      carAdvance();
      delay(500);//前进的距离
      carStop();
      carTurnRight180();//转向
180°
      carStop();
      putpot();//放盆
      carTurnLeft180();//转向
180°
      carStop();
      do{//等待人加好水
        waitingDrink();
        isDrinking=digitalRead
(infraredPin);
      }while(isDrinking<1);
      change();
      drink();//喝水
      carBack();//后退一段距离露出盆
      delay(200);
      carStop();
      delay(100);
      carTurnRight180();//转向
180°
      carStop();
      do{//等待人放回盆
        waitingPot();
        isPutback=digitalRead
(magneticPin);
        Serial.println(isPutback);
      }while(isPutback<1);
      change();
      carTurnLeft180();//转向
180°
      carBack();
      delay(500);
      carStop();
      Serial.println("END");
    }
    else{carStop();}
    reset = 0;
  }
  while(moisture>=dry){
    if(reset==0){
      lightReset();
      reset = 1;
    }
```

```
    light_moving();
    moisture=analogRead(moisturePin);
  }
}
//------- 神态函数 -------//
void shaking(int earTimeInterval,
int tailTimeInterval){// 摇摆函数
  while(i<count){
   earLeftPos=earLeftPos+earLeft
PosRange/count;
    earLeftSv.write(earLeftPos);
    delay(earTimeInterval);
    earRightPos=earRightPos-
earRight PosRange/count;
    earRightSv.write(earRightPos);
    delay(earTimeInterval);
    tailPos=tailPos+tailPosRange/
count;
    tailSv.write(tailPos);
    delay(tailTimeInterval);
    i++;
    Serial.print("earLeftPos=");
    Serial.print(earLeftPos);
    Serial.print("earRightPos=");
    Serial.print(earRightPos);
    Serial.print("  tailPos=");
    Serial.print(tailPos);
    Serial.print("i-=");
    Serial.print(i);
    kiss=analogRead(realsensePin);
    Serial.println(kiss);
    if(kiss>500){break;}
  }
  while(i>0){……}
}
void hungry(){// 饥饿状态摇动参数，
较慢
……
}
void glut(){// 吃撑状态摇动参数，急促
  shaking(earFast,tailFast);
  Serial.println("吃撑");
}
void waitingDrink(){
// 等待喝水摇动参数，停顿
……
}
void waitingPot(){
// 等待喝水摇动参数，停顿
……
}
void change(){// 状态切换摇动参数僵直
  Serial.println("神态改变");
  earLeftSv.write(earLeftPosSet);
  earRightSv.write(earRightPosSet);
  tailSv.write(tailPosSet);
  delay(1000);
}
//------- 小车控制 -------//
void carAdvance(){
  front_left_Motor.write(speed_
normalN);
  back_left_Motor.write(speed_
normalN);
  front_right_Motor.write(speed_
normalP);
  back_right_Motor.write(speed_
normalP);
}
void carStop(){……}
void carBack(){……}
void carTurnLeft(){……}
void carTurnRight(){……}
void carTurnLeft180(){……}
void carTurnRight180(){……}
//------- 动作流程 -------//
// 放盆动作
void putpot(){// 耳朵 + 尾巴 + 磁铁舵机
  change();// 停止
  magnetSv.write(magnetPosRange);
// 之后调回 0
  Serial.println("放盆");
  delay(2000);
  magnetSv.write(magnetPosSet);
// 磁铁舵机归位
}
// 喝水动作
void drink(){
  mouthSv.write(mouthPosPut);
  delay(1000);
  digitalWrite(pumpPin,HIGH);
  Serial.println("水泵");
  delay(6000);
  digitalWrite(pumpPin,LOW);
  mouthSv.write(mouthPosSet);
  delay(1000);
  Serial.println("喝水");
}
```

```
//------- 光敏传感器基础设置 -------
//
void lightReset(){
  for(int i=0;i<10;i++){
    lgS10=analogRead(lgSP1)+lgS10;
    ……
    delay(100);
  }
  lgS10=lgS10/10;
  ……
}
void printLR(){
  Serial.print("LR=");
  Serial.print(LR);
}
void printFB(){
……}
void readLight(){
  lgS1=analogRead(lgSP1)-lgS10;
  lgS2=analogRead(lgSP2)-lgS20;
  lgS3=analogRead(lgSP3)-lgS30;
  LR=lgS1-lgS2;
  FB=lgS2-lgS3;
}
//------- 光敏动作 -------
void light_moving(){
  carStop();
  happy();
  // 读取环境光值
  printLR();
  printFB();
  Serial.println("     无光");
  while(abs(LR)>15||abs(FB)>15)
{// 触发追光
    if(state==0){
      Serial.println("神态改变");
      earRightSv.write(earRight
PosSet);
      tailSv.write(tailPosSet);
      state = 1;
    }
    readLight();
    printLR();
    printFB();
    Serial.println("有光");
    while(LR>20&&FB<-20){// 左转
    printLR();
    printFB();
    Serial.println("  左转");
    carTurnLeft();
    delay(sensitivity);
    readLight();
    }
    while(LR<-20&&FB<10){// 右转
    …… }
    readLight();
    while(LR<0&&FB<-5){// 前进
    ……}
    while(LR>0&&FB>20){ // 后退
    ……}
    carStop();
    moisture=analogRead(moisture
Pin);
    if(moisture<dry){break;}
  }
}
```

办公室服务机器人 VENS

◇ 王万万

沉闷的气氛、过长的伏案工作时间，会让人对办公室环境产生厌烦的情绪或引发众多健康问题。因此，我们想设计一款机器人，以有趣的交互方式来改善办公室的氛围，加强员工的健康意识，引导新的办公方式。我们先在讨论时手绘出功能需求，然后再归纳总结出来，如图 8.1 所示。

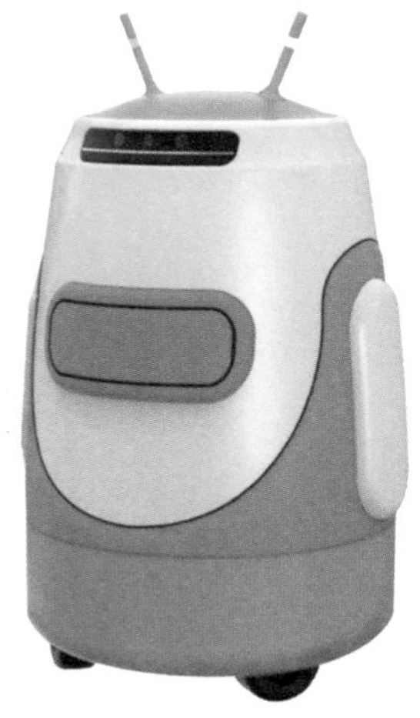

我们主要侧重于健康方面的研究，希望机器人在传送文件或分发食品时，可以通过趣味的方式让职员做一些简单的运动，这样不仅能够缓解压力、提升工作效率，还能够促进健康。同时，机器人还能够在选定的时间里，带领职员做广播体操。

VENS 机器人一共有 3 种模式，分别是传递文件模式、分享食物模式、带领做操模式。

在传递文件模式下，你可以让机器人直接将文件送给想要送的人（效率优先），也可以让员工完成相应的运动才能够拿到文件。在分享食物模式下，员工可以把出差时买的特产和零食分享给其他人，这时候其他人需要完成相应的游戏才能

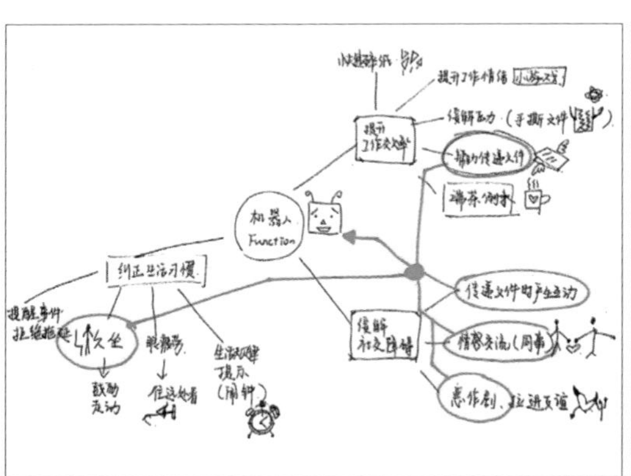

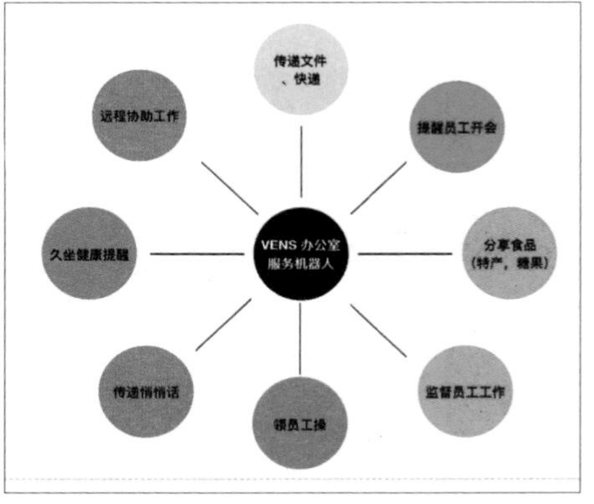

■ 图 8.1 功能需求

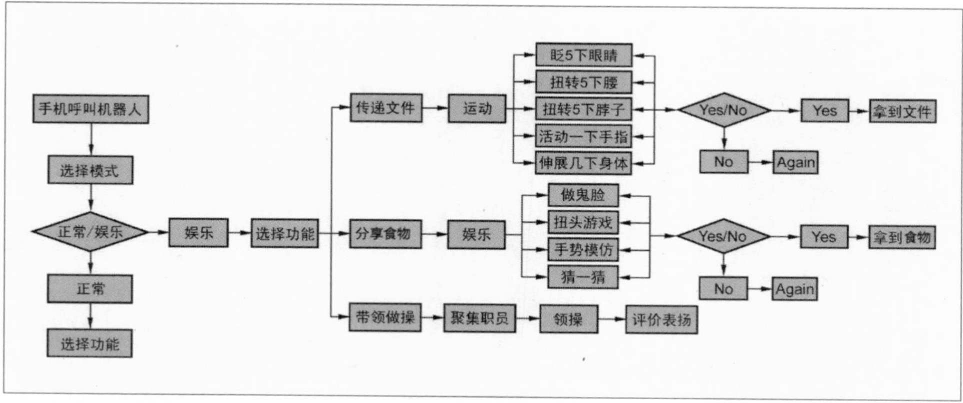

■ 图 8.2 交互流程

够得到食物。在带领做操模式下，机器人会在经理设定的时间（一般是下午 2 点至 3 点，因为这正是员工需要活动的时候），通过有点笨拙的动作勾起员工起来活动的热情，带领大家做广播体操，让人得到锻炼，使人有健康的身体来工作和生活。以上几种模式的交互流程如图 8.2 所示。

我们制作出的 VENS 机器人实物如图 8.3~ 图 8.5 所示。

我们先绘制了 VENS 机器人的外观草图（见图 8.6），然后用犀牛（Rhino）建

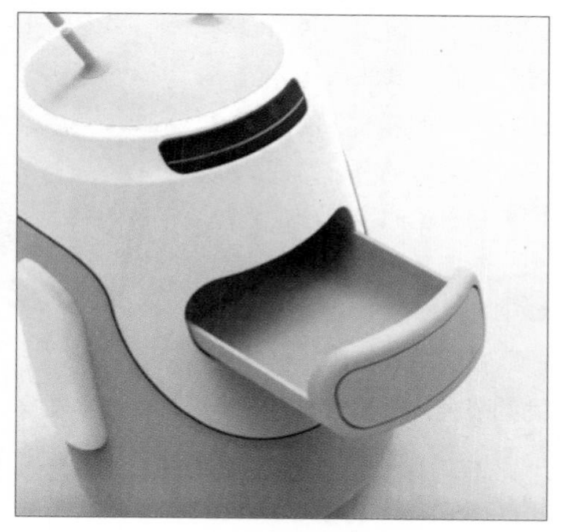

■ 图 8.4 机器人胸口有个抽屉可以打开

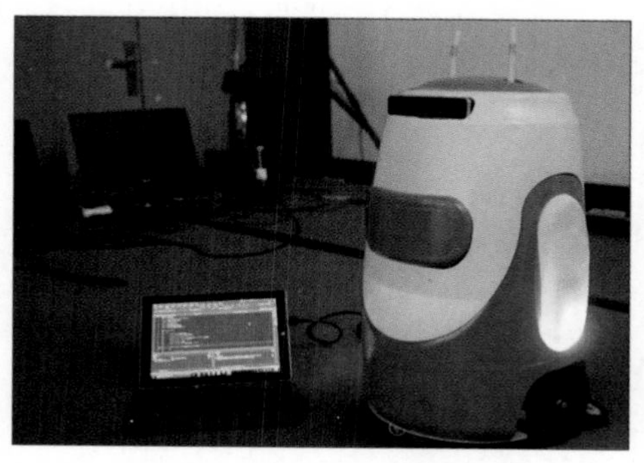

■ 图 8.3 VENS 机器人启动中

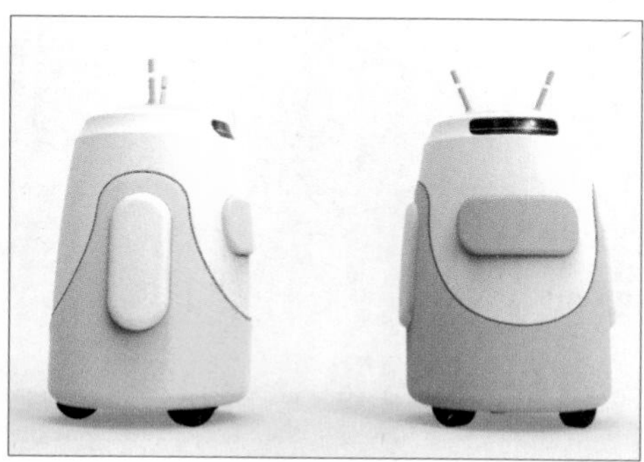

■ 图 8.5 它有不同的色彩搭配

模（见图 8.7）并用 3D 打印机打印出来（见图 8.8）。

主控部分使用的是 DF 的 DFRduino MEGA2560，通过 GMR（General Mobile Robot controller）通用机器人扩展板和双路 15A 大功率电机驱动板驱动两个电机，如图 8.9 所示。机器人底盘如图 8.10、图 8.11 所示。

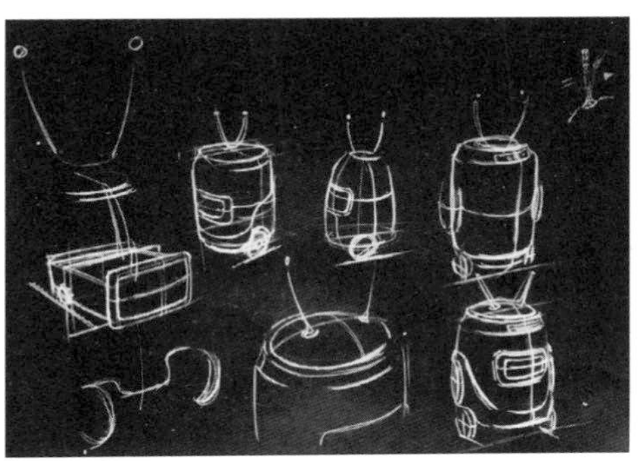

■ 图 8.6 手绘外观草图

■ 图 8.7 用犀牛建模

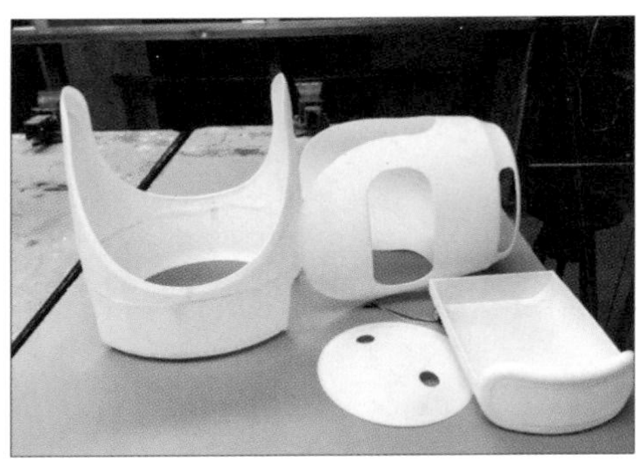

■ 图 8.8 3D 打印外壳

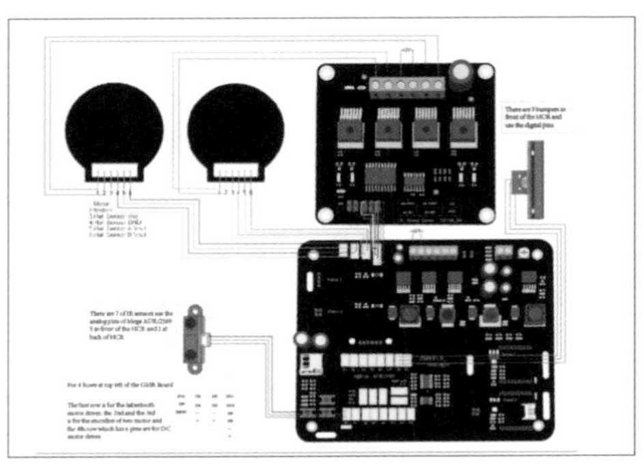

■ 图 8.9 主要硬件的连接示意图

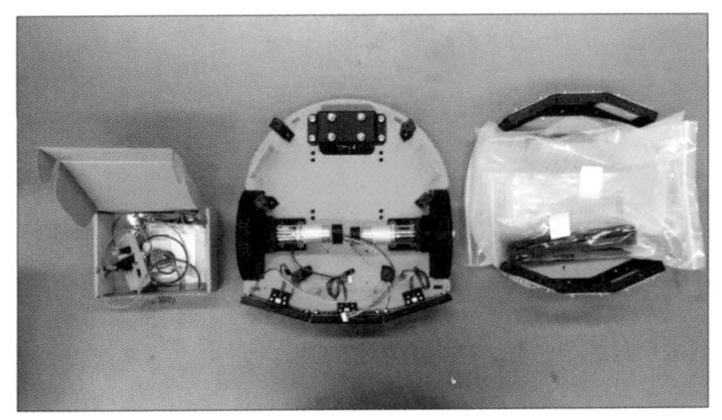

■ 图 8.10 DFRobot HCR 家用机器人开源项目平台

■ 图 8.11 拼装完成的机器人底盘

抽屉电机如图 8.12 所示，它安装在抽屉底部，如图 8.13 所示。

机器人眼部安装有 Intel RealSense 深度摄像头（见图 8.14），机器人内部还装有 URM04 V2.0 超声波传感器、Sharp GP2Y0A41SKOF 红外距离传感器、数字防跌落传感器和 BLE-LINK 蓝牙 4.0 通信模块。

图 8.13 抽屉的结构

图 8.12 抽屉电机

图 8.14 Intel RealSense 深度摄像头

InMoov 机器人制作手记

◇ 甘明锐

当初，为了解决单位生产上的一个问题，我尝试着 DIY 了一台 Prusa i3 结构的 3D 打印机，从此我就一直对 3D 打印机能做些什么东西比较关注。我想做一个工业机械臂的模型，在翻看 YouTube 视频时无意中看到 Gael Langevin 的频道，再找到他的官网，在他的网站上，看到很多外国朋友制作了 InMoov 机器人。可能国内玩家没有及时接触到这类信息，制作这款机器人的还不多，于是我便燃起了强烈的兴趣，开始了制作过程。

我从一根手指做起，这也是我边学边做的过程的开始。那段时间我正在自学单片机方面的知识，学习 51 单片机和 Arduino，于是便制作了与 InMoov 相关的第一个作品。

我用了一个舵机、一个电位器、一块 Arduino 控制板，制作了一个用电位器控制手指收放的小模型（见图 9.1）。原理很简单，但是当这个原理放在一个具体模型上时就很有趣了。

有了这个小成果，很快，我便将 InMoov 的右手臂做了出来（见图 9.2、图 9.3）。

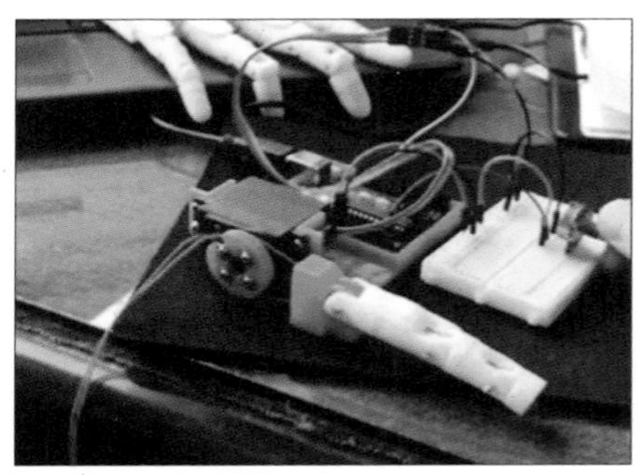

■ 图 9.1 用电位器控制手指收放的小模型

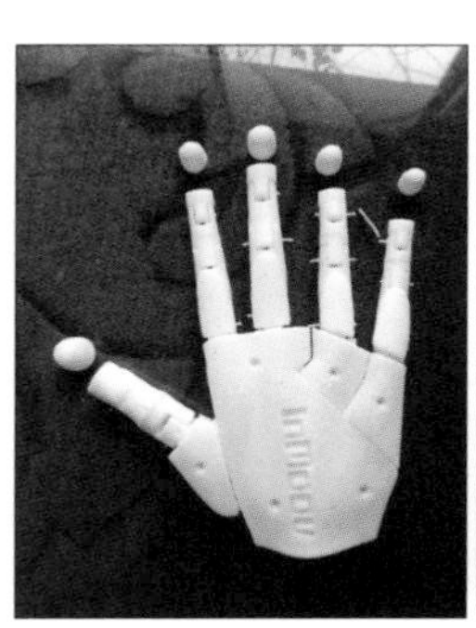

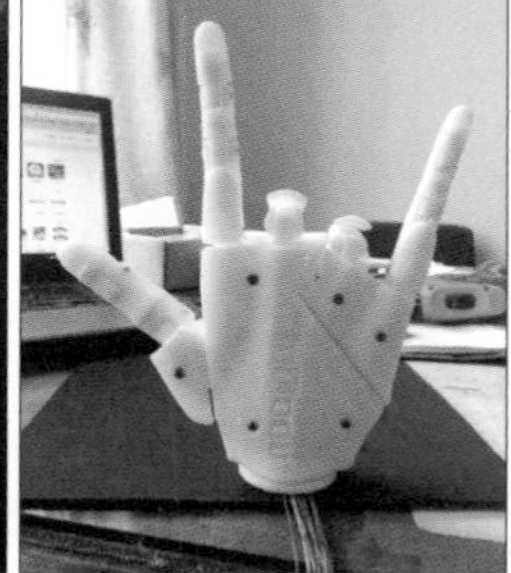

■ 图 9.2 右手

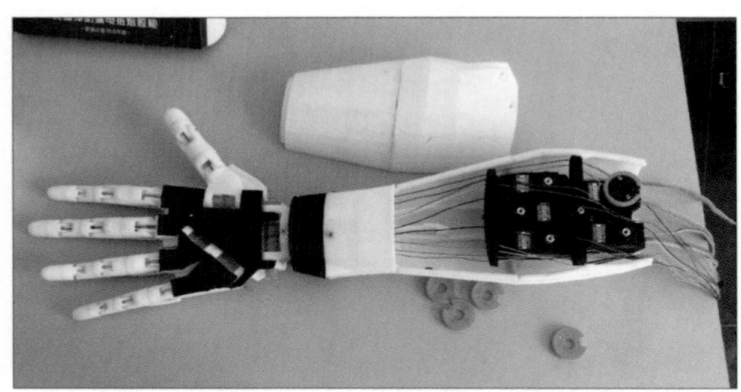
■ 图 9.3 右手臂

■ 图 9.4 Hitec 805BB 舵机

手臂演示视频

这是我第一次做机器人，在材料的选择上费了很多心思。虽然官网上都有说明，但是作者毕竟是根据当地的材料进行选择的，我在制作时只有利用我能找到的材料，比如手指的牵引绳，我进行了很多尝试，既要有柔韧性，又不能太粗和有弹性。

手指由 5 个舵机单独控制，手腕处有一个舵机，所以单单一只手臂就要用 6 个舵机进行控制。

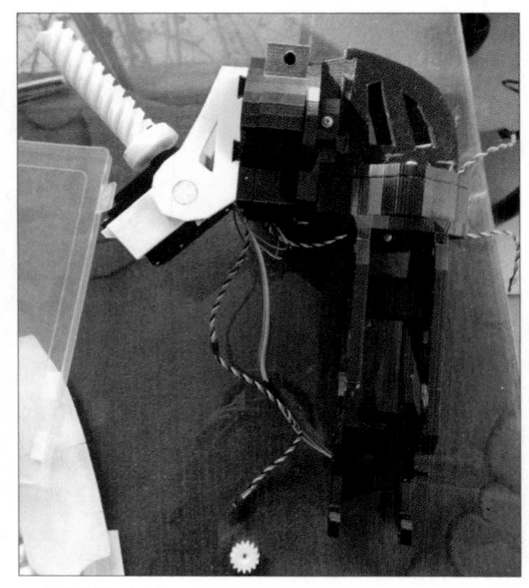
■ 图 9.5 上臂

9.1 上臂

上臂用到的舵机是 Hitec 805BB（见图 9.4），不是买回来就能用，需要对它进行改装，就是把电位器取出，把齿轮的限位块切掉。

每只上臂（肩部，见图 9.5）由 4 个这样的舵机控制，也就是有 4 个自由度，每个自由度用蜗轮和蜗杆（见图 9.6）进行扭矩传动。

■ 图 9.6 蜗轮和蜗杆

蜗轮、蜗杆的优点是能够比较有效地自

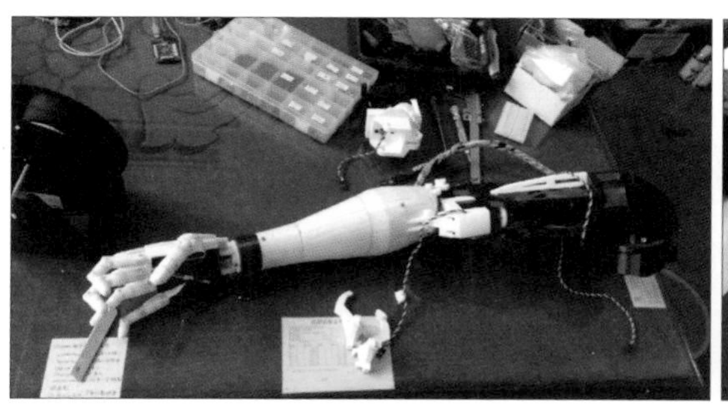
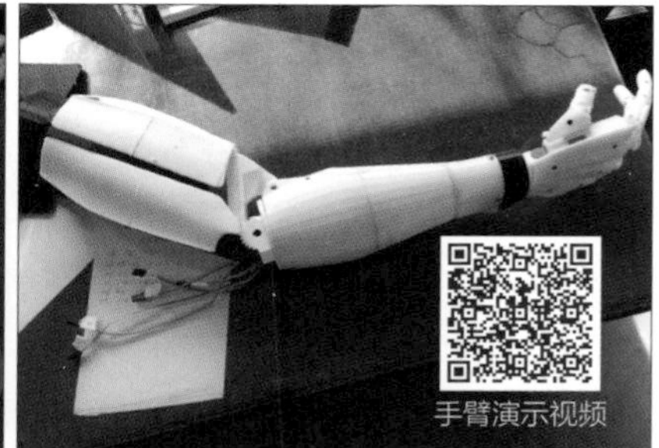

■ 图 9.7 整条手臂

锁，其实整条胳膊的重量还是比较大的，在机器人胳膊抬起时，单靠一个舵机来负载，感觉有些吃力，所以这个传动模式还是比较好的选择。

做完手臂（见图 9.7）后，我便开始制作头部和身体部分。

9.2 头部

我把头部模型打印出来便开始组装。当把打印好的头部模型组装成功后，由于打印件本身的误差和材料的收缩，面部和头顶有大量的空隙（见图 9.8）。我有一点完美主义情结，于是便用泥子粉填补空隙，用砂纸打磨，再用喷罐喷漆（见图 9.9），头部便没

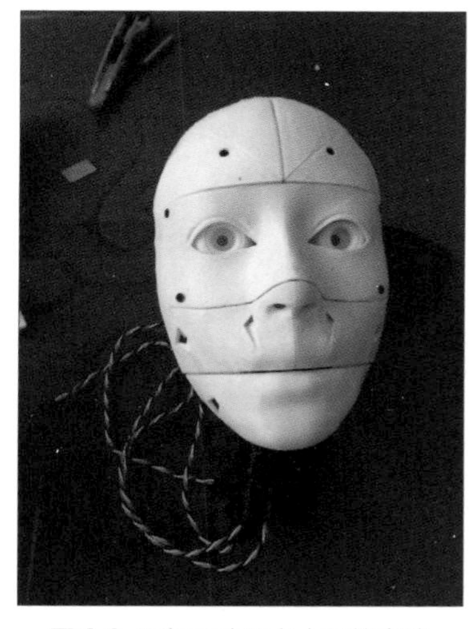

■ 图 9.8 面部和头顶有大量的空隙

■ 图 9.9 用泥子粉填补空隙，用砂纸打磨，再用喷罐喷漆

有那么多缝隙了（见图 9.10）。

说一下头部的功能，眼睛的部位装有两个高清摄像头（见图 9.11），便于在后期用 OpenCV 这样的开源计算机视觉库做双目视觉识别。我也是本着边做边学的想法，一点点地实现和完成它。在嘴巴的位置，我拆了一个小扬声器（见图 9.12）用来发声。

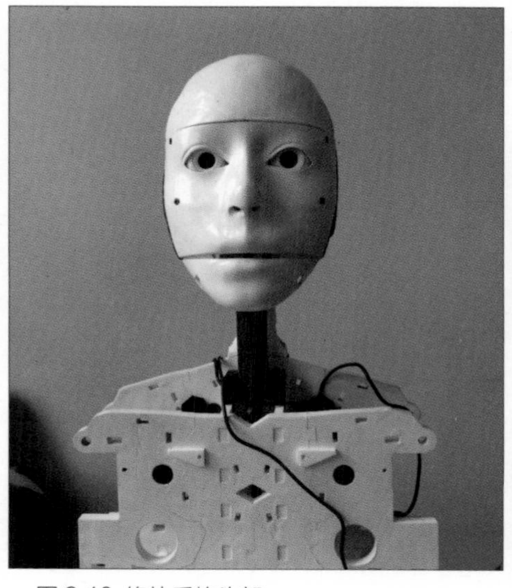

■ 图 9.10 修补后的头部

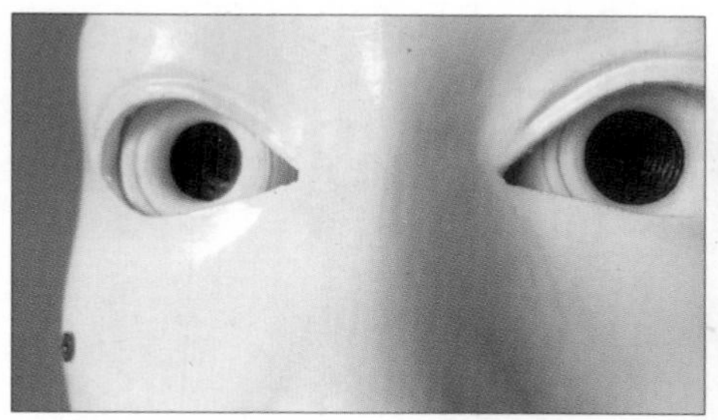

■ 图 9.11 眼睛的部位装有两个高清摄像头

眼睛演示视频

9.3 身体部分

身体部分主要还是用大块的 3D 打印件进行拼装，主要的难度是手工打磨，模型本身的拼接处有些尺寸过盈，再加上打印机的精度不够，所以实际尺寸都需要通过手工打磨进行调整。这是一件很费精力的事情，不夸张地说，做完这台机器人，我都可以考一个初级钳工证了。

图 9.13 所示是腰部的模块，将两个电机串联起来，同步控制机器人腰部侧向移动。

■ 图 9.12 小扬声器

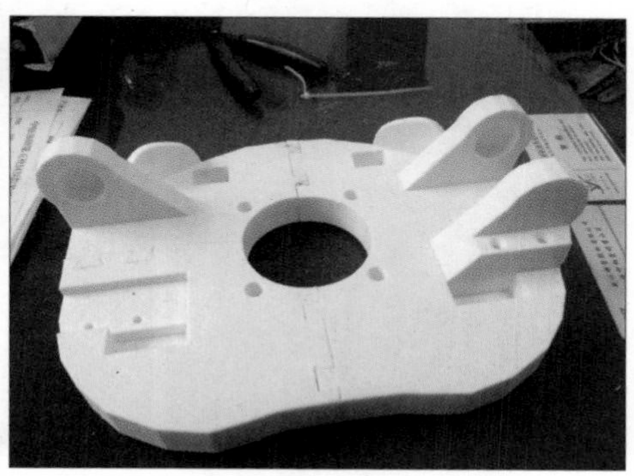

■ 图 9.13 腰部模块

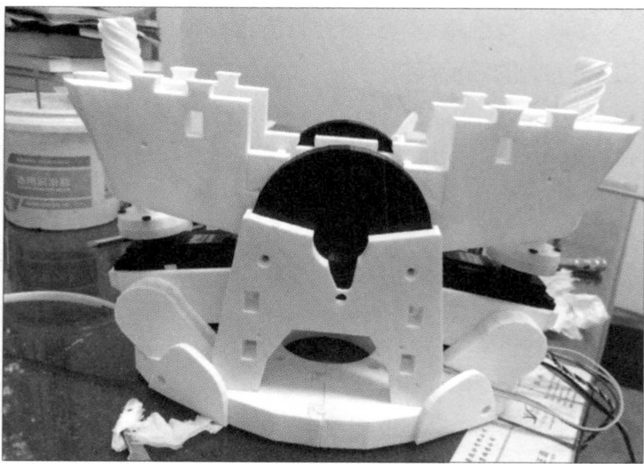

■ 图 9.14 简易版轴承

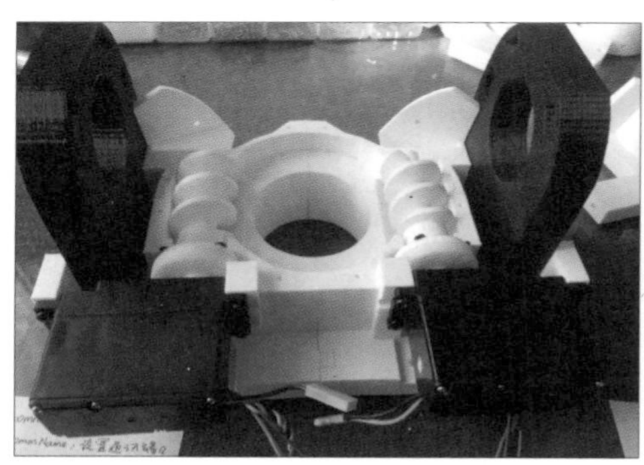

■ 图 9.15 控制腰部水平转动的结构

图 9.14 中圈中部分是用 BB 弹和黄油做的一个简易版轴承，用来减小腰部扭动的摩擦力。

图 9.15 所示是腰部的内部结构，也是由两个舵机串联在一起同步控制机器人腰部水平转动。

在机器人的腰部，有一个像指纹的 logo，里面安装了一个呼吸灯（见图 9.16），一是起到装饰作用，二是用来指示相关的信息，比如电池电量或者机器人情绪等。

此外，机器人胸口还装有一个 Kinect 传感器（见图 9.17）。

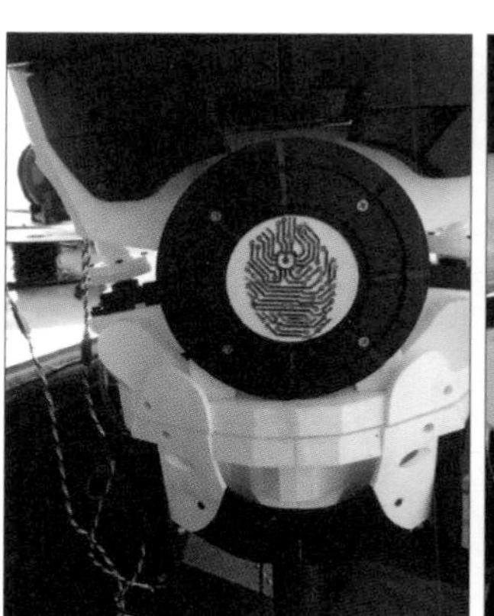

■ 图 9.16 像指纹的 logo 和里面安装的呼吸灯

至此，我们就可以开始组装机器人了，因为机器人的双足行走是一个很难解决的问题，单凭个人还没有这个经济和技术实力，所以机器人的下半身我暂时用一个落地衣架代替（见图 9.18）。

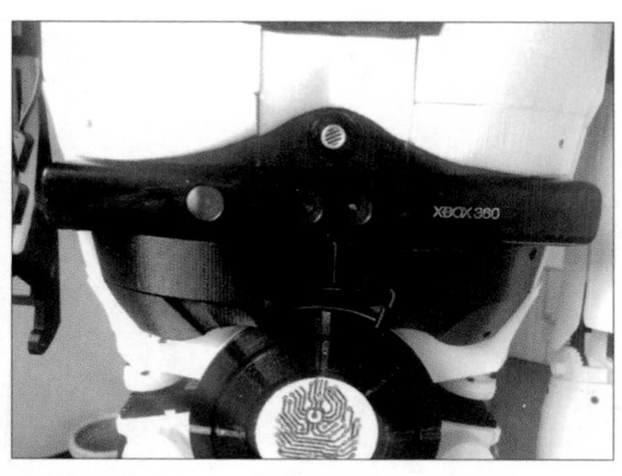

■ 图 9.17 Kinect 传感器

9.4 对颈部的改进

原版的 InMoov 机器人的颈部只有上下和左右两个自由度，我在此基础上又增加了一个侧向运动机构（见图 9.19），这样机器人的动作跟真人更加接近。

9.5 控制电路

控制电路方面，我没有按照官方给的 PCB 制作，我采用的是 32 路舵机控制板 +Arduino+PC 或树莓派的方式（见图 9.20）。这些都是模块化的电路，比较省事。

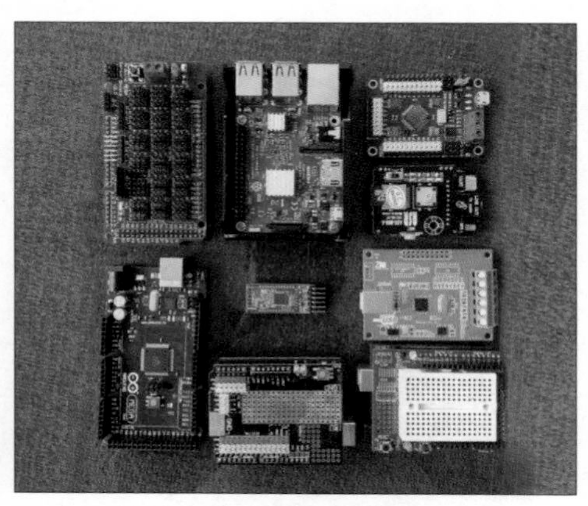

■ 图 9.20 各种模块化控制电路

原版 InMoov 用的操作系统是 MyRobotLab，YouTube 上也有网友用 ROS，我想来想去，决定还

颈部演示视频

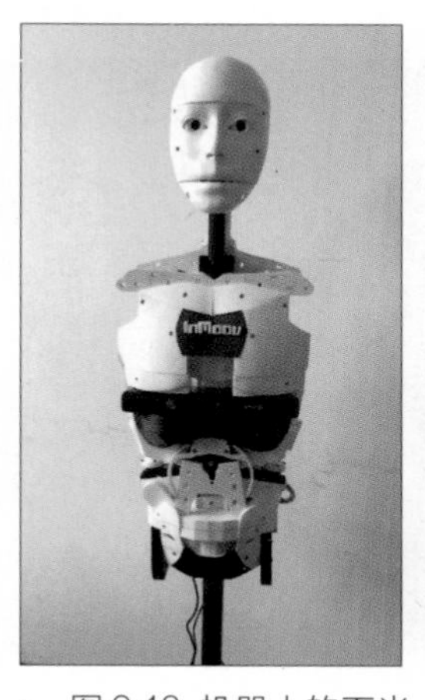

■ 图 9.18 机器人的下半身暂时用一个落地衣架代替

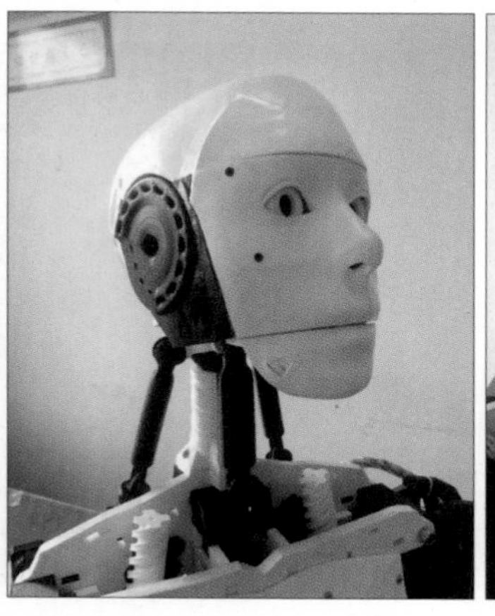

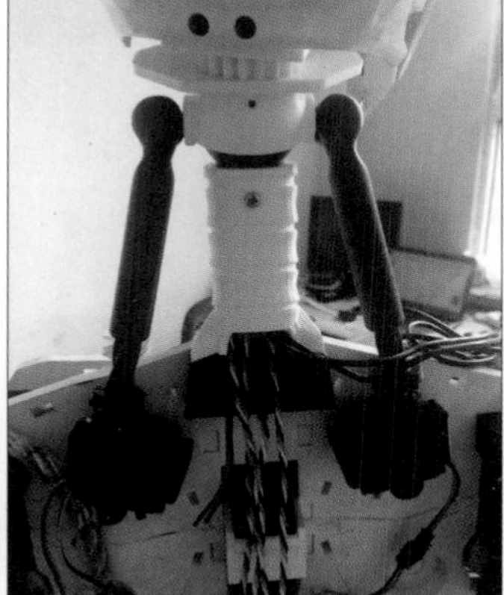

■ 图 9.19 改进后颈部有 3 个自由度

是自己一点点编写一个简易的操作系统。我的主要目的是学习，所以自己动手更能注意到一些平时容易忽略的问题。

我想要实现的功能大概有以下几个。

（1）双目视觉识别，包括人脸识别、物体追踪、双目测距，因为我以前没接触过计算机视觉开发，所以开始攻关 OpenCV。

（2）机器人的运动姿态控制，我想让它与视觉识别的数据融合起来。因为有 stl 格式的零件模型，所以现在的问题是如何把零件模型在软件中组装起来，并且让每一个动作与实体机器人的动作同步，目前这个问题还没有解决。

（3）机器人的计算机模拟仿真，这需要在计算机中模拟出一个机器人原型，在空间坐标系中计算每个动作、每个关节的相对坐标，并与实际运动结合起来。目前我也在研究中，现在每天晚上都把以前的数学书又拿出来啃一遍。

（4）人机对话。目前我用的是一个语音识别模块，简单地将语音指令预先存入模块中，然后再通过语音识别选择相应的指令，不是很智能。现在科大讯飞的语音识别库有开源的，以后我会试一试。

（5）人体动作同步模仿。我在机器人胸口放置了一个 Kinect，微软提供了 API，其主要功能是人体动作模仿，里面还有个我觉得很好的功能，就是用阵列话筒判断声音的方位。

（6）VR 功能。机器人的“眼睛”用的是两颗网络摄像头，如果将摄像头采集的图像同步传输到手机上，利用手机的陀螺仪与机器人的脑袋保持同步，不就可以实现 VR 的效果吗？再做一个可穿戴的手套和袖子，能够检测到手臂的动作变化，不就能远程操作机器人了吗？不过这些还只是想法，有待日后慢慢实现。

（7）双足行走我不敢涉足，科技含量太高，我也没有经费。我只打算再给机器人做个小车底盘，用 Kinect 的摄像头感知周围环境，实现行走避障的功能。

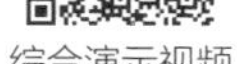
综合演示视频

人机对话演示视频

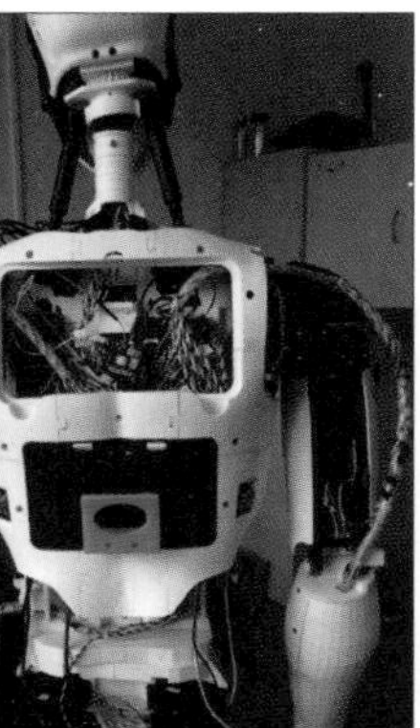
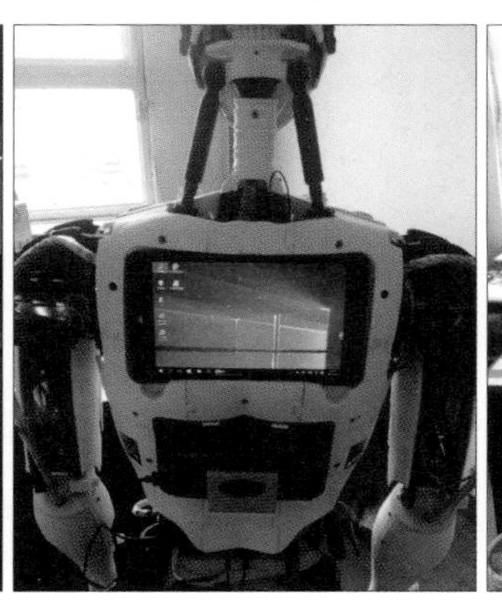
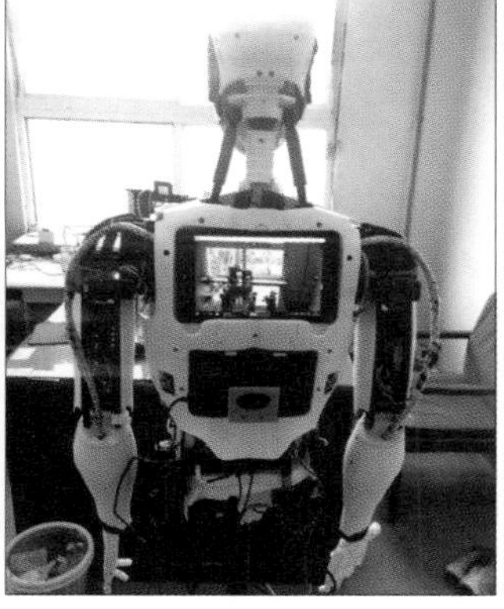
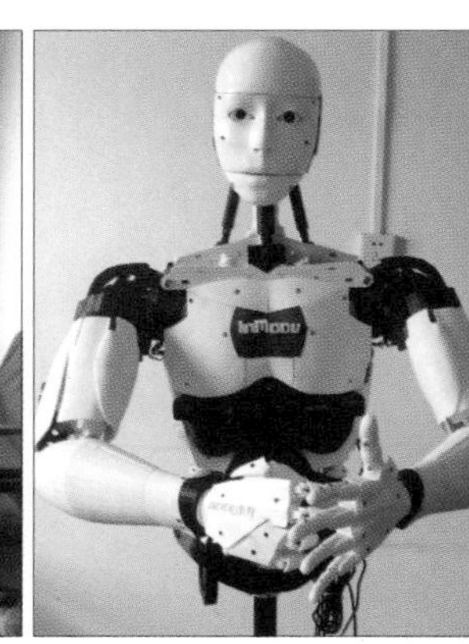

第 2 章

智能硬件

10 DIY 女友心仪的旋转灯

◇ 陈众贤

前两天和女朋友去某家居店，看到图 10.1 所示的一盏灯，女朋友喜欢得不得了。一看价格，999 元！对你没看错，999 元！只要 999！这也太贵了吧！

既然这么贵，一定有什么厉害的功能吧？比如辅助睡眠，紫外线杀菌……可是经过咨询，这盏灯的功能只是旋转下面的圆柱支架可以调节灯的亮度，这就只是一盏简单的灯！既然是一盏简单的灯，干脆自己做一个吧，看起来也不难。

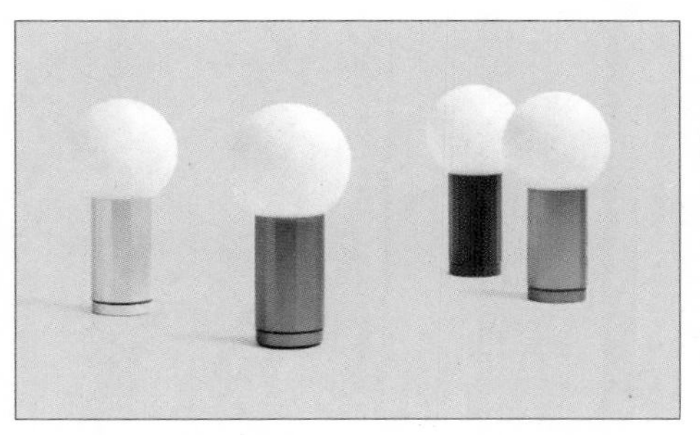

图 10.1 商品旋转灯外观

图 10.2 DIY 旋转灯的外观

图 10.3 3D 建模效果

先来看一下做成后的外观，图 10.2 所示是我做的旋转灯，是不是一模一样？全套成本应该在 50 元左右吧，想想还有点小激动呢。

下面来介绍一下制作教程。

10.1 建模

首先当然是建模啦，先来看一下整体装配图的效果，如图 10.3 所示。然后将各个零件 3D 打印出来，推荐打印时层高设置为 0.1mm。

10.2 电路原理

电路连接图如图 10.4 所示。我是利用 MPU6050 来判断旋转支架的旋转角度的，然后通过这个角度去控制 LED 的亮度。

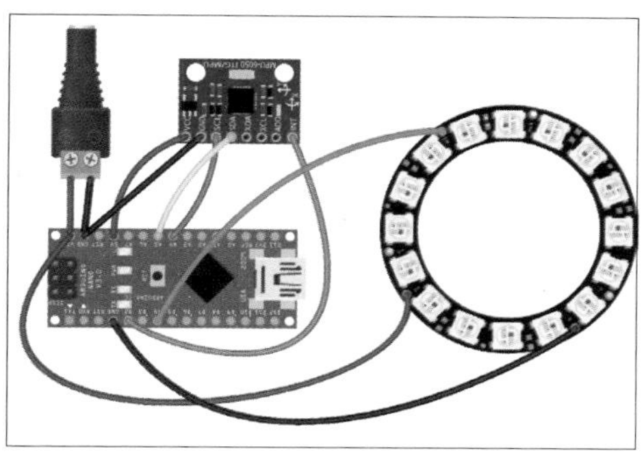

■ 图 10.4 电路连接图

表 10.1 制作所需的材料

材料名称	数量
3D 打印结构件	1 套
WS2812 RGB 彩灯	1 组
MPU6050 惯性传感器	1 片
Arduino Nano	1 片
USB 电源线	1 根
DC 2.1mm 或者 2.5mm 的公母转接头	1 对
导线	若干
热缩管	若干
M3 螺钉若干	若干

表 10.2 主要工具清单

电烙铁
热熔胶
剪刀
镊子
螺丝刀

可能大家会问了，不就是实现旋转功能吗？为什么不用更简单的旋转电位器呢？开始我也这么想，可是到后面设计结构的时候发现以下难点。

（1）用旋转电位器的话，结构比较复杂。旋转的时候，导线容易绕在一起，旋转次数多了，容易把线扯断。

（2）我所采用的电位器不够耐用。

（3）我没有掌握如何改进电位器结构的相关知识。

（4）使用 IMU（惯性测量装置）方便以后升级功能，比如添加拍打开关的功能。

10.3 材料和工具

表 10.1 与表 10.2 所列就是要用到的所有材料和工具。

10.4 制作底座

先来焊接电源线。由于设计的时候为了美观，底座电源线的孔径与 USB 电源线的线径差不多，电源线伸进去的时候，不容易从上面的孔里拉出来，所以在电源线上焊接了两根比较细和软的导线。

为了防止导线接触短路，不要忘记在焊接处套上一段热缩管，如图 10.5 所示。

将焊好的导线插进底座上的小孔，用镊子辅助将导线从底座中间的槽里拉出来。然后将电源线与 DC 转接头公头固定，注意正负极不要搞错，如图 10.6 所示。

然后将 DC 转接头压入底座的槽里。为了紧固一些，也可以在边缘处涂些热熔胶，但不要涂到外面来，如图 10.7 所示。

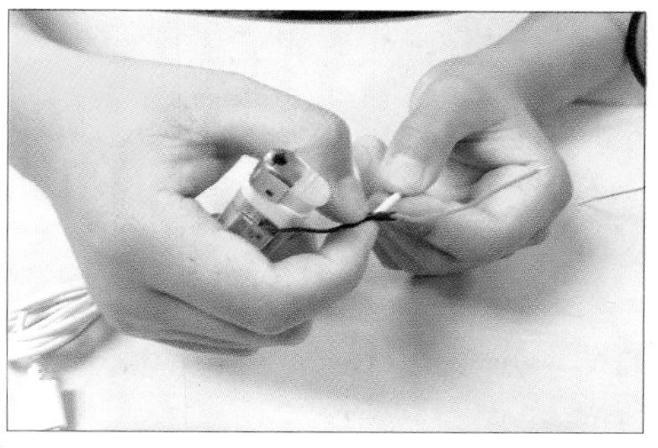

■ 图 10.5 安装热缩管

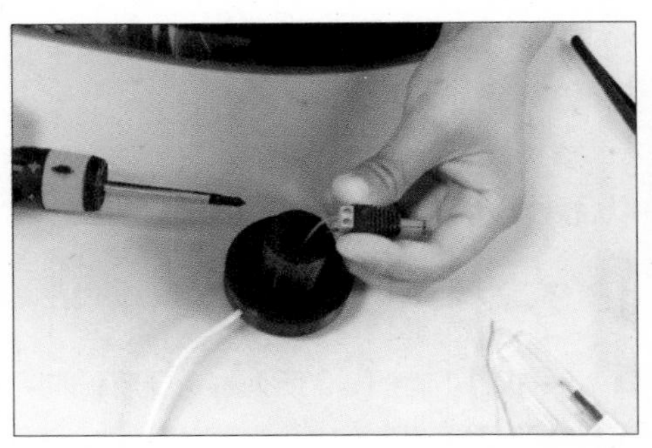

■ 图 10.6 安装 DC 转接头

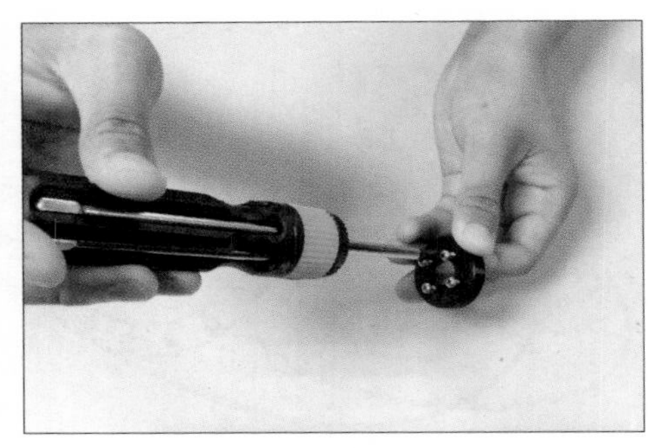

■ 图 10.8 固定旋转支架

■ 图 10.7 固定 DC 转接头

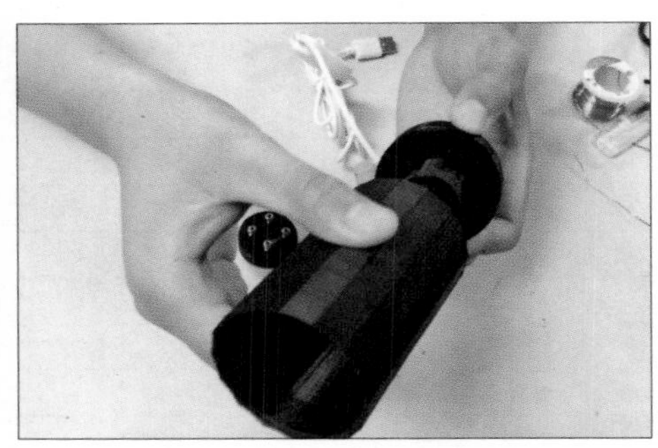

■ 图 10.9 将旋转支架与底座进行连接

10.5 制作旋转支架

旋转支架是在底座之上旋转的部分，可以通过旋转调节灯的亮度。

准备好旋转支架与底座链接的卡扣。用 M3 的螺钉拧入底座，注意不要拧透，螺钉与卡扣另一面齐平即可，如图 10.8 所示。

接下来就准备将旋转支架与底座进行连接啦。将旋转支架套上底座，如图 10.9 所示。

然后再将卡扣与底座固定，拧紧螺钉，如图 10.10 所示。

试试旋转支架能不能正常旋转，是否能从底座上掉下来。如果可以正常旋转，并掉不下来，那就成功了。

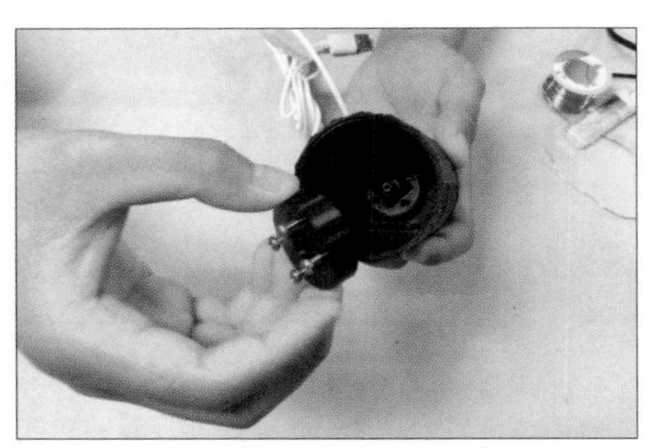

■ 图 10.10 将卡扣与底座固定

接下来的部分就比较有意思了。因为电源是从底座接上来的，而旋转支架又是可以 360° 旋转的，这就会碰到一个问题：当旋转支架旋转的时候，内部的线路是否也会一起转起来，绕在一起。为了解决这个问题，底座上与电源连接采用了 DC 转接头，这样

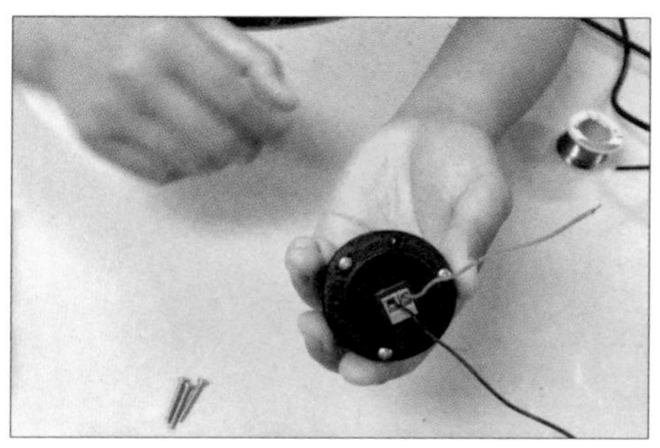

图 10.11 将 DC 头母头插入凹槽并固定

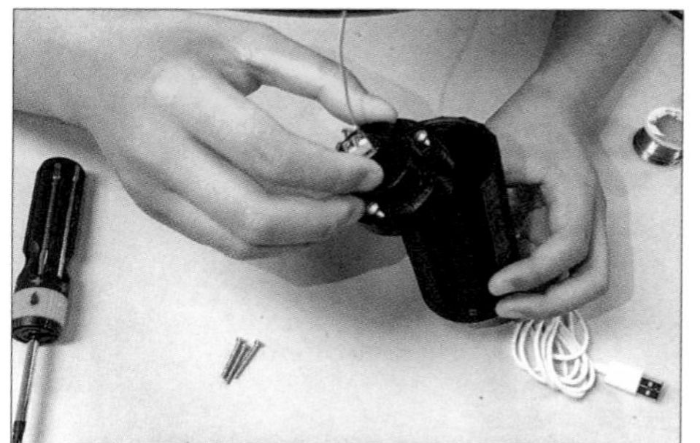

图 10.12 将卡扣装进旋转支架

上面再加个 DC 转接头母头，上下旋转的时候，整个上面的结构就可以跟着一起旋转，而电线不随之转动，不会导致缠绕。

准备上面部分的电源接口，并连接上导线，注意正负极。以及电源与旋转支架链接的卡扣不要搞反。将 DC 转接头母头插入卡扣中间的凹槽。注意转接头与凹槽出口刚好齐平即可。最终效果如图 10.11 所示，插入固定用的螺钉。将卡扣装进旋转支架（见图 10.12）。

10.6 电路焊接

焊接 Arduino Nano 和 MPU6050 惯性传感器（见图 10.13）。

焊接 RGB LED，焊接时，导线要先穿过灯座中间的孔槽，然后再将 LED 焊接上去（见图 10.14）。

用热熔胶将 LED 固定灯座上。在灯座反面，用热熔胶固定 MPU6050 惯性传感器（见图 10.15）。

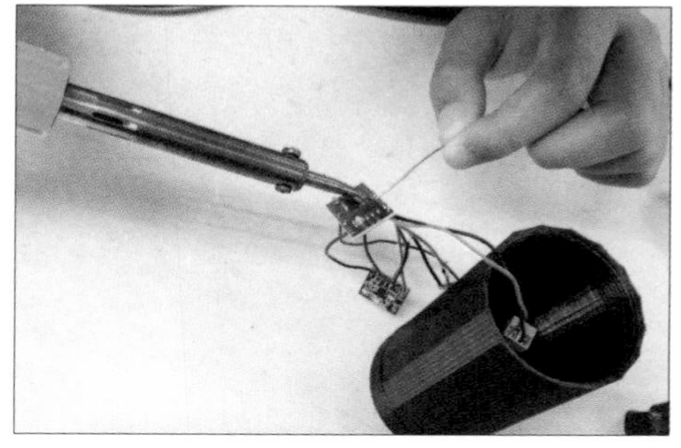

图 10.13 焊接 Arduino Nano 和 MPU6050 惯性传感器

图 10.14 焊接 RGB LED

图 10.15 用热熔胶固定惯性传感器

接下来准备将灯罩安装上去。我设计好了螺纹，将灯罩与LED灯座拧在一起即可，再将灯罩与旋转支架拧在一起（见图10.16）。

大功告成啦，看一下开灯后的效果吧，旋转可以调节亮暗哦（见图10.17）。

大家可以从本书的下载平台（见目录）下载旋转灯的打印模型和程序。

■ 图10.16 安装灯罩

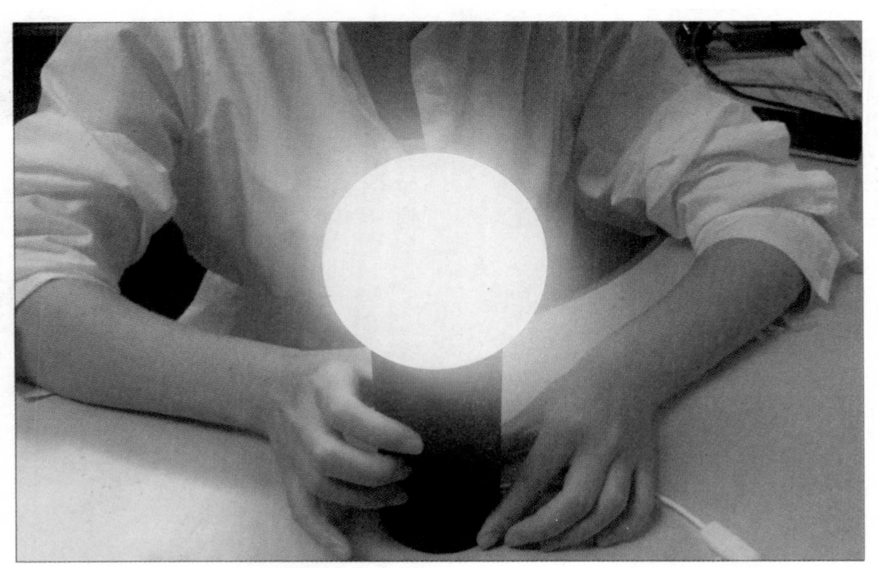

■ 图10.17 制作完成的旋转灯

DIY 你的专属照片投影灯

◇ 陈众贤

本文介绍的照片投影灯，是一盏可以将照片投影到墙上的创意灯。原理简单说呢，就是根据照片的色彩和灰度，将它变成大小和间距不等的一系列散点，然后将这些散点分布在一个圆球上，利用点光源照射这些散点，光线就通过了这些点，在墙壁上投射出你的照片。道理讲了一大堆，大家看一下效果如图 11.1 所示就知道了。

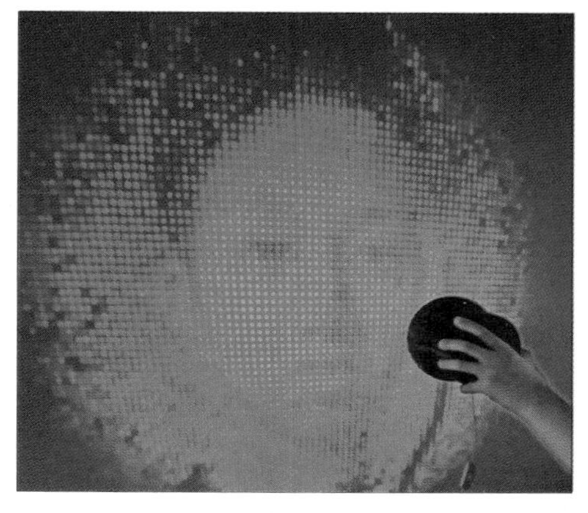

下面介绍制作过程。

11.1 准备工作

首先你需要拥有一台计算机，最好有 8GB 及以上内存（RAM）。然后去下载一个软件 OpenSCAD（见图 11.2），这是一个开源的参数化建模软件，要用代码建模。

下载、安装完 OpenSCAD 之后，准备工作就做完啦。但是，你还需要载入文末的 3D 打印模型。

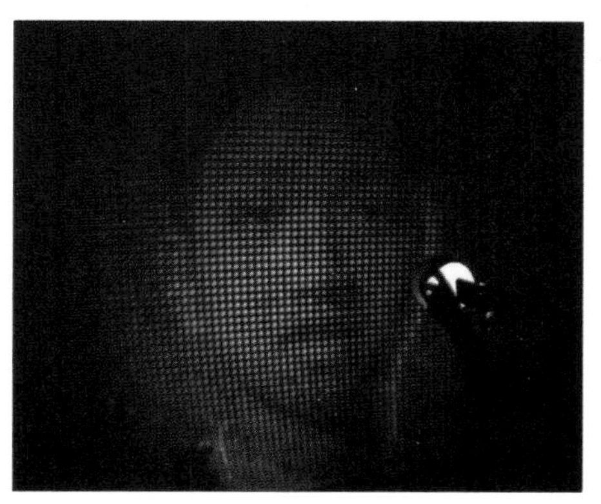

■ 图 11.1 投影灯投射效果

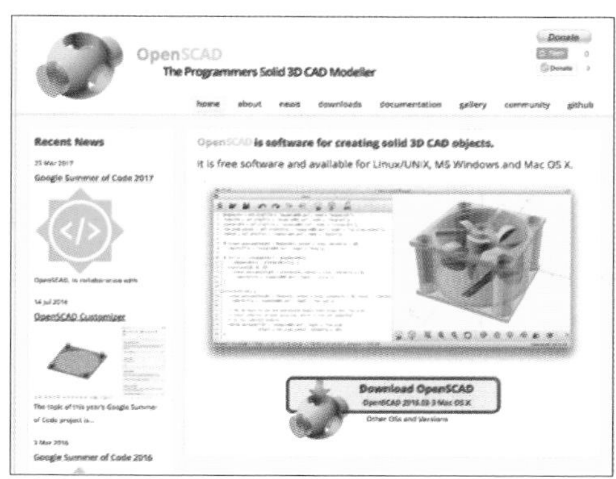

■ 图 11.2 3D 建模软件界面

11.2 照片投影灯设计

接下来正式介绍我们的照片投影灯的设计环节。

选择一张你心仪的照片，最好是色彩分明、背景干净些的。然后将照片裁剪成正方形，并将照片的大小设置为 85 像素 ×85 像素（见图 11.3）。当然，你也可以按照自己的喜好设置大小，设置成边长为 85 像素的话，你就可以不用修改程序啦。

然后用浏览器打开照片转码网页文件 image_transform.html(见本书下载平台)，将你的照片导入（见图 11.4）。

然后，你会发现你的照片变成了一串数字（见图 11.5）！这串数字就是你的照片转码后的编码啦。记得复制这串数字！

接着用 OpenSCAD 软件打开附件中的程序，将上面那串数字，粘贴在 image 变量里（见图 11.6 箭头处、图 11.7 箭头①处）。

然后单击图 7 中箭头②处，预览一下，需要几十秒。接着单击图 7 中箭头③处，渲染模型，此过程有些漫长，我的计算机大概渲染了 30min，然后你就可以看到你的照片

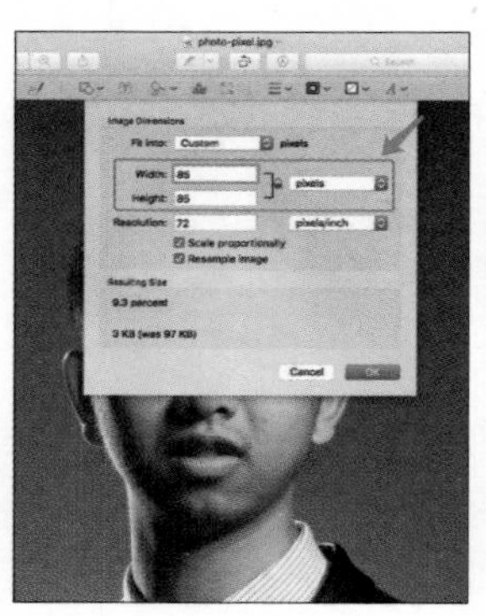

■ 图 11.3 照片大小设置

上传图片: Choose File IMG_0686 2.jpg

图片处理结果:

转码结果:

[0.3660130718954248,0.3660130718954248,0.3660130718954248,0.36209150326797385,0.36209150326797385,0.36209150326797385,0.3581699346405229,0.3581699346405229,0.35424836601307186,0.35424836601307186,0.3503267973856209,0.3503267973856209,0.34901960784313724,0.34901960784313724,0.34509803921568627,0.34509803921568627,0.3411764705882353,0.33725490196078434,0.33725490196078434,0.3333333333333333,0.3333333333333333,0.32941176470588235,0.32941176470588235,0.3254901960784314,0.3281045751633987...

■ 图 11.5 照片变成了一串数字

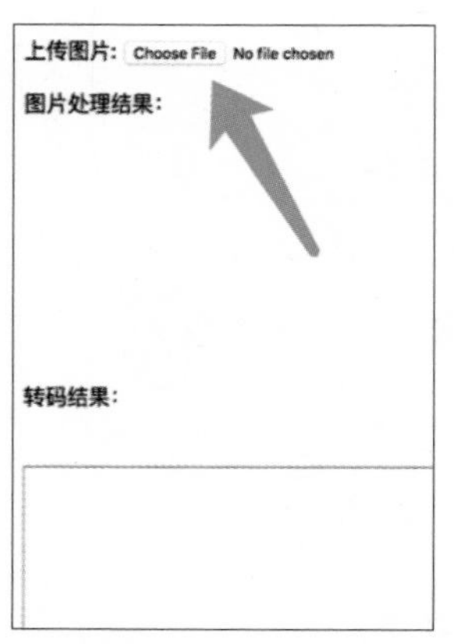

■ 图 11.4 导入照片

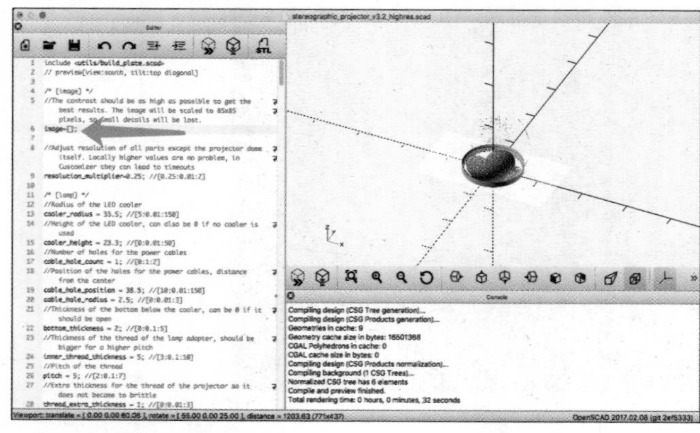

■ 图 11.6 粘贴转码数字

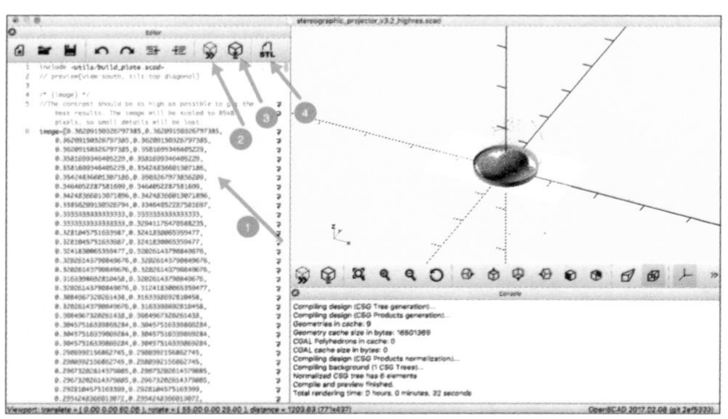

■ 图 11.7 生成预览

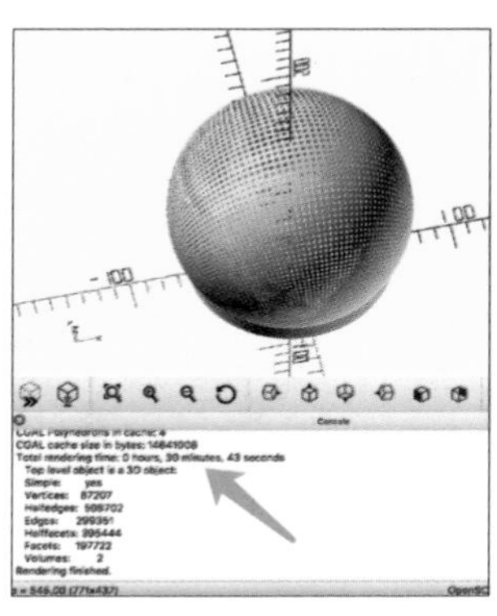

■ 图 11.8 将所建立的模型存储为 .stl 文件

投影灯灯罩的模型啦，如图 11.8 所示。最后，单击图 11.7 中箭头④处“STL”字样的按钮，你就可以将你的灯罩模型保存为 .stl 格式啦，以便后面打印。

当然这个程序里面有很多可以自定义的参数，可以根据自己的 3D 打印机修改。

本来附件里的程序也能生成底座，但是我觉得生成的底座不符合我的要求，还不够好，就自己设计了一下，附件中也同样提供了 3D 建模文件（见图 11.9）供大家下载。

11.3 3D 打印与安装

制作所需的材料见表 11.1 和图 11.10。

表 11.1 制作所需的材料

3D 打印灯罩
3D 打印底座
大功率 LED
热缩管（就是那两段短短的小黑管啦）
USB 电源线

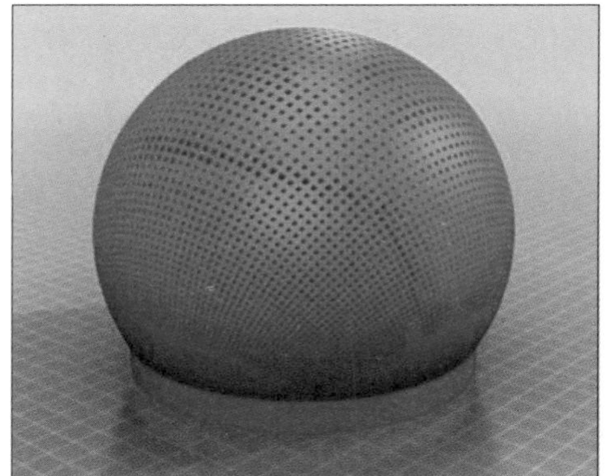

■ 图 11.9 灯罩与底座的模型

3D 打印过程就不展开叙述了，大家将灯罩和底座打印好就行。

图 11.10 制作投影灯所需的全部材料

安装过程也很简单。将LED嵌入底座，将 LED 与 USB 电源线焊接在一起，套上热缩管，防止短路（见图 11.11）。

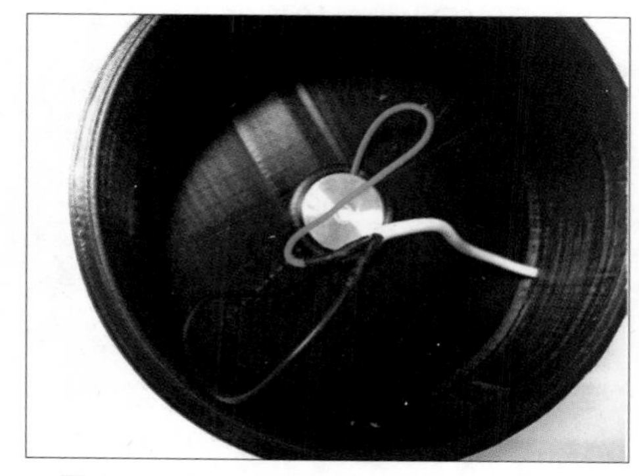

图 11.11 安装过程

先用手机闪光灯对着灯罩看一下效果，若没有问题，就可以将灯罩和底座拧在一起啦。

成品的效果图如题图所示。

本文涉及的工程文件及其他资料，请从本书下载平台（见目录）下载。

极简 IoT 车程计

◇许培享

谁说电子罗盘只能做指南针？我利用 micro:bit 电子罗盘与磁铁的接近来触发计数，制作了 IoT 车程计。计数即计算车轮转的圈数，可上传当前累积的行驶路程（单位为米）上传到 Easy IoT 物联网平台。

我的自行车后轮半径为 32cm，π 取 3.14，最终计算为转一圈行驶约 2m。（注：目前 MakeCode 不支持小数，故设置为整数才能计算。）

12.1 核心知识点

自行车行驶路程 = 车轮转数 × 轮周长

圆周长 =2πr

■ 图 12.1 固定 micro:bit 与电池盒，并在辐条上放置强磁铁

表 12.1 制作所需的材料

名称	数量
micro:bit	1
Micro:Mate，micro:bit 多功能 I/O 扩展板	1
OBLOQ 物联网模块	1
3~5V 电源（电池）	1
强磁铁	1
自行车	1
双面胶	1
橡皮筋	若干
测距工具	1

12.2 制作

制作所需的材料见表 12.1。先用双面胶和橡皮筋将主控板（含 Micro:Mate 扩展板、OBLOQ 物联网模块）、电池盒固定于自行车后刹位置。转动车轮，找到辐条（钢丝条）上与主控板上的电子罗盘芯片最接近的位置，放上强磁铁（见图 12.1）。然后测量并记录自行车后轮半径(单位为厘米)以备编程。

Micro:Mate 扩展板与 OBLOQ 物联网模块的连接如图 12.2 所示。

12.3 程序

用 MakeCode 编写的图形化程序如图 12.3 所示。按 A 键可将数据上传到 Easy IoT 平台。

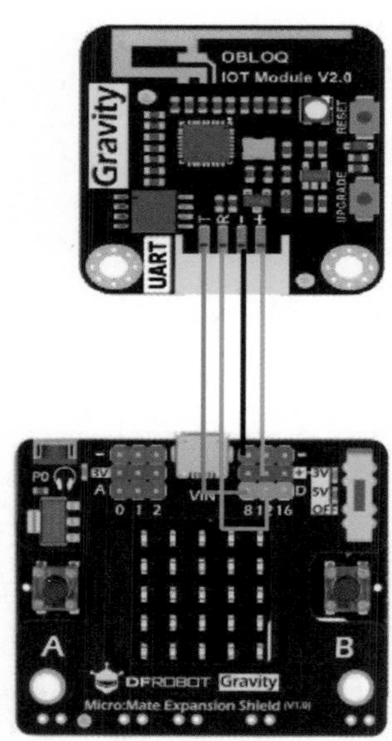

■ 图 12.2 Micro:Mate 扩展板与 OBLOQ 物联网模块的连接

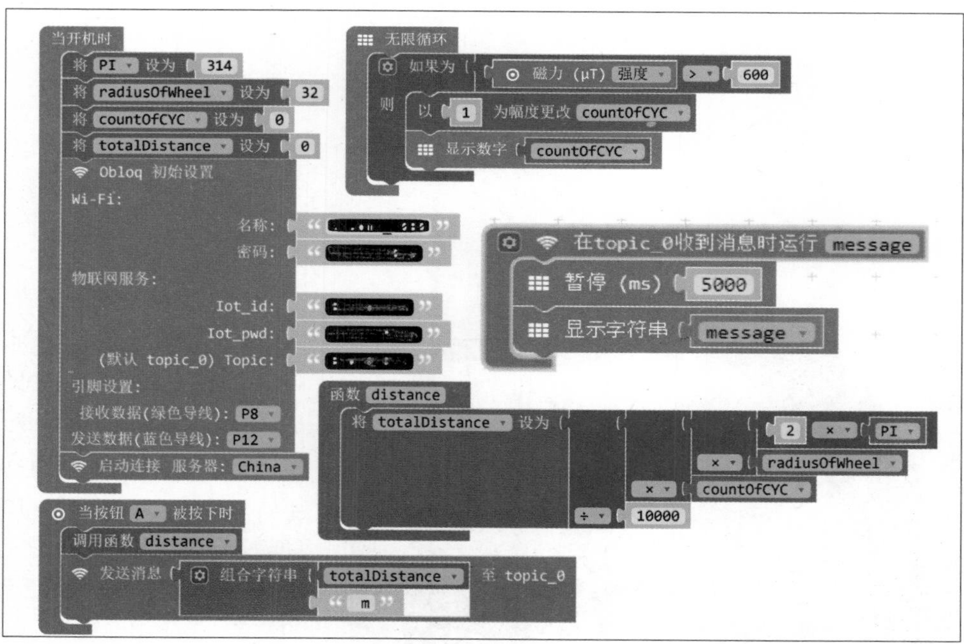

■ 图 12.3 图形化程序

13 用 6 轴惯性运动传感器做一个简易计步手带

◇ 王立

我手里有一块 DFRobot 出的 BMI160 6 轴惯性运动传感器，因为平时我有在小区散步、跑步的习惯，所以就准备自己动手做一个简易的计步手带。它只有显示步数与秒表计时功能，以下为制作过程。制作所需的材料如图 13.1 和表 13.1 所示。

表 13.1　制作所需的材料

① BMI160 6 轴惯性运动传感器
② Beetle 控制器
③ OLED-2864 显示屏
④ 微型 3.7V 锂电池
⑤ 2 个小按钮
⑥ 1 个拨动开关
⑦ 表带一套（9 块包邮买的）

图 13.2 所示便是 BIM160，很小、很精致。BIM160 有一个 16 位的 3 轴加速计和一个超低功耗的 3 轴陀螺仪，据说全负荷下，耗电量也只有 900 μ A左右，确实很省电。

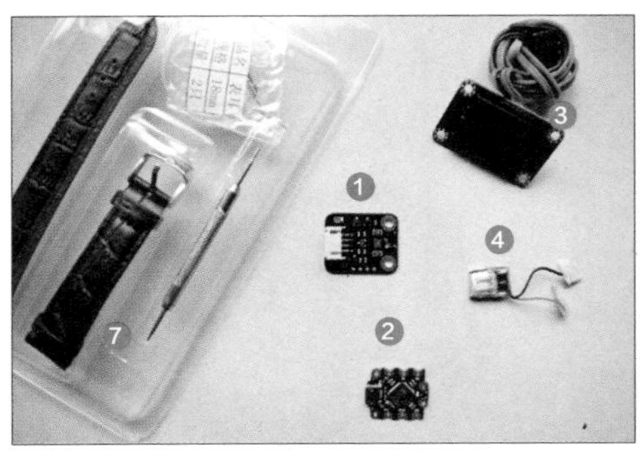

■ 图 13.1 制作所需的材料

■ 图 13.2 BIM160

❶ 先打印外壳，外壳是模仿我一直佩戴且最喜欢的一块手表设计的。打印完成后，在黑色打印件表面喷少许黑色油漆，可以使一些打印有色差的地方色彩均匀，横纹的表现更细腻。

❷ 我平时有收集材料的癖好，翻箱倒柜，居然找到了一块颜色与 OLED 屏极相似的亚克力板，当即决定把它裁切了当作面板。

❸ 电路连接：OLED 与 BMI160 都是 I²C 接口的，一起焊接在 Beetle 控制板的 I²C 接口上即可，很简单。

❹ 烧录程序：我直接修改了 BMI160 资料库里的那个计步器的程序，通过加入 millis（ ）函数，将系统运行时间转化为秒表计时；加入了 u8g 字库的显示代码，经过对 u8g.h 头文件里的字体逐一尝试，发现 freedoomr 这个字体效果还算可以。下面是转化为秒表计时的代码。

```
unsigned int ss=1000;
unsigned int mi=ss*60;
long minute=t0/mi;
long second=(t0-minute*mi)/ss;
long milliSecond=sysTime-minute*
mi-second*ss;
strTime[0]=(minute%60)/10+'0';
strTime[1]=minute%60%10+'0';
strTime[3]=(second%60)/10+'0';
strTime[4]=second%60%10+'0';
strTime[6]=milliSecond/100+'0';
strTime[7]=(milliSecond%100)/10+'0';
```

❺ 烧录完成后，开始焊接与装配。我其实最怕这种空间利用率很高的安装，但还是经常这样设计。这样做要抠完布局抠空间，小心翼翼地安装很久，装完后，一打开开关……我的脸上布满黑线，应该是哪里的某根线在我蹂躏的过程中断开了。然后我就会气急败坏地把桌子上的东西全部拂到桌子下面，过一会儿再慢慢捡到桌子上摆好。

❻ 用电磨在壳子两端打 Φ1mm 的小孔，把表带穿过表耳扣上去，计步手带就制作完成了。

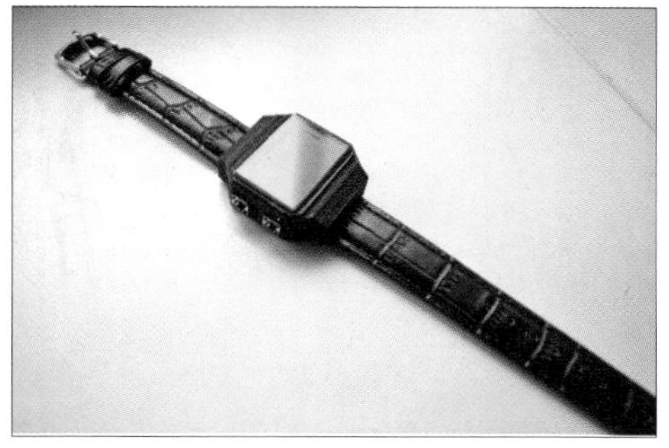

❼ 有小伙伴可能发现了，手带左侧有两个按钮，下面那个控制秒表计时功能，那上面那个呢？那是为了夜跑而设计的！上边的按钮控制 4 颗 Φ5mm 的白色 LED 开关。我买了一些 UV 胶，调色后，填满开孔与 LED 圆头之间的缝隙，使得手带的一体性大大提高。

❽ 4 颗 LED 的位置，符合跑动时手臂的大致挥舞角度，使得你不管手臂如何摆动，地面始终被照亮。有了它，放下手机，一起去夜跑吧！

用 Arduino 制作打地鼠游戏盒

◇ 章明干

打地鼠是一款经典的益智小游戏，我们可以在许多商场门口看到这类游戏机，在计算机和手机上也有许多类似的游戏，由于大型的游戏机携带不方便，而计算机、手机中的游戏玩起来又不如游戏机的体验好。于是，我利用 Arduino 制作了这个打地鼠游戏盒（见图 14.1），玩家可以自由携带，体验又非常好。

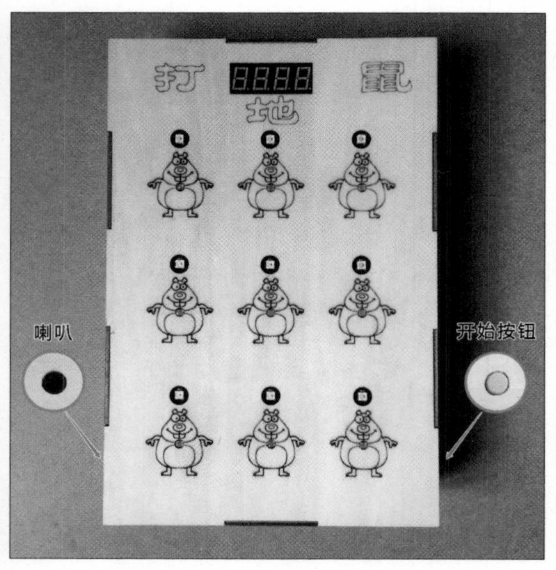

■ 图 14.1 打地鼠游戏盒

14.1 功能介绍

按“开始”按钮后游戏开始，数码管会倒计时显示 3、2、1、0，然后 9 只地鼠头上的 LED 随机亮起来，用手去拍打地鼠胸部的光敏传感器，灯就会熄灭，而数码管上显示打到地鼠的数量增加 1，接着又会随机亮起一盏灯，然后接着打。到了一定时间后（可随意设置时间），游戏结束，数码管上显示最终打到地鼠的数量，整个游戏过程都伴随有提示音。

14.2 制作过程

本制作所需的材料如表 14.1 所示。

表 14.1 制作所需的材料

名称	数量
Arduino 主控板	1 个
RGB LED	9 个
光敏传感器	9 个
数码管	1 个
蜂鸣器	1 个
按钮	1 个
杜邦线	若干
激光切割盒	1 个

❶ 先利用 CorelDRAW 软件设计打地鼠游戏盒，并用激光切割机对 3mm 椴木层板进行切割和雕刻。

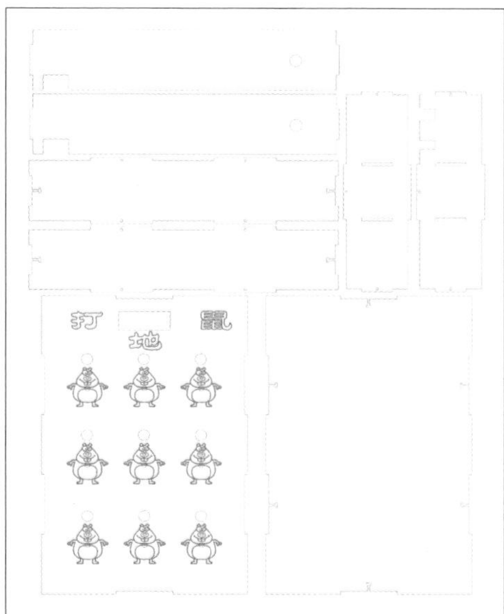

❷ 把 RGB LED 分别安装在打地鼠游戏盒的面板上，焊接好各个 LED 之间的导线，并用热熔胶进行固定。这里要注意，将各个 LED 上的 GND 和 5V 分别连在一起，上一颗 LED 的 DO 与下一颗的 DI 连在一起。

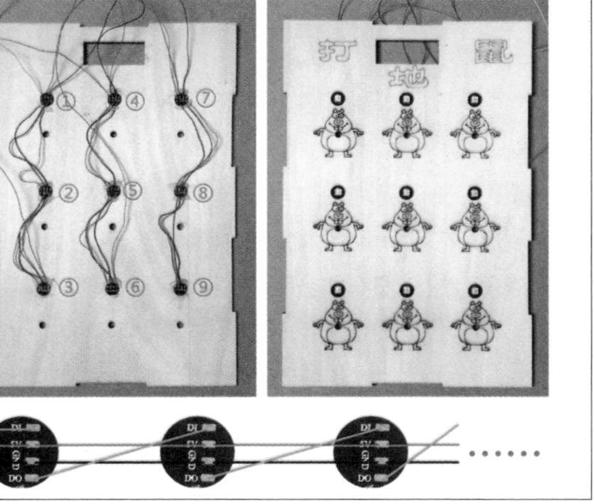

❸ 把数码管和光敏传感器安装在面板上，并用热熔胶固定。

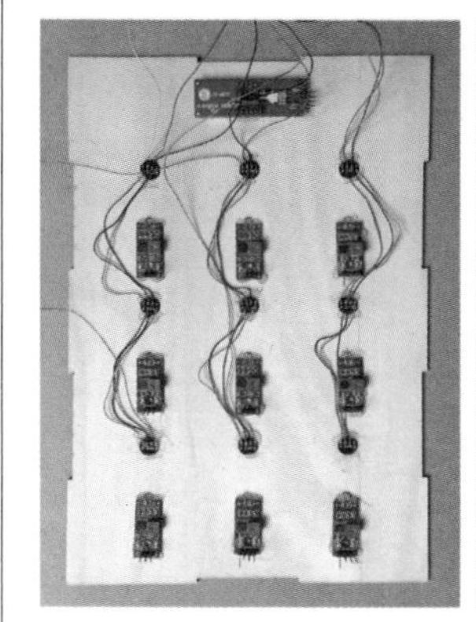

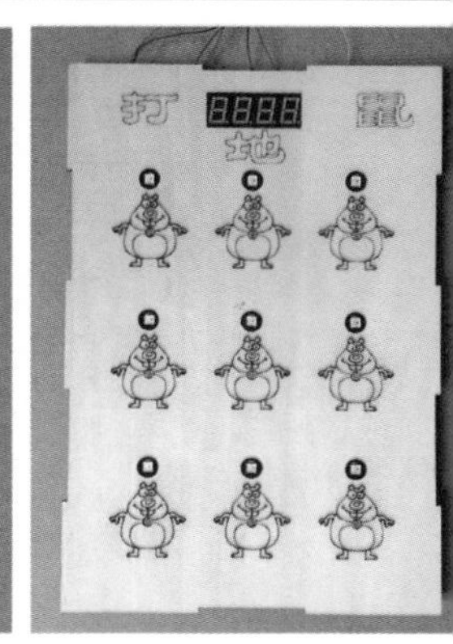

❹ 把蜂鸣器和按钮安装在侧板上，并用热熔胶固定，把盒子的侧板与面板连接好并用螺丝固定住。最后把各传感器用杜邦线与 Arduino 主控板进行连接。

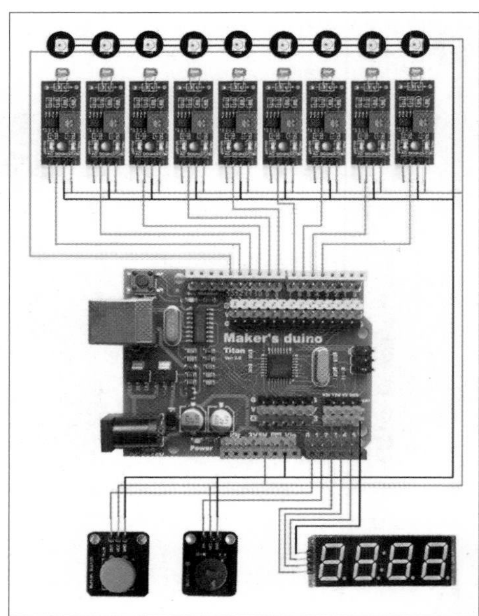

❺ 我们在设计程序前要先对光敏传感器的灵敏度进行调节，因为在游戏中我们是通过用手去拍打地鼠的胸部（遮挡光敏传感器上的光线）来实现打地鼠的效果的，所以我们先接通 Arduino 主控板的电源，再用手去遮光敏传感器，通过观察传感器上的指示灯来判断 DO 数字开关量输出 1 还是 0（因为光敏传感器信号输出接在 DO 数字输出口），我们再通过调节光敏传感器上的电位器，把所有的光敏传感器调到合适的状态。

14.3 程序设计

程序是利用 Mixly 软件编写的，主要分为 3 部分：开机初始化程序、倒计时函数和主程序。

14.4 开机初始化程序

开机时先定义几个整数变量，在主程序中起到控制及统计的作用，然后再定义 RGB 灯带的连接管脚及 RGB 灯的盏数。

14.5 倒计时函数

这个函数的功能是先把 RGB 灯带上所有的灯都熄灭然后再让数码管依次显示 3、2、1、0，其间伴随有提示音，从而实现倒计时的效果。

14.6 主程序

当按下接在 A0 管脚上的按钮时，游戏开始，先把分别把变量 m 和 n 赋值为 1 和 0，再执行倒计时函数，倒计时结束后把当前的系统运行时间赋值给变量 a，供下面统计时间使用。

当程序检测到按了开始按钮后，就让管脚 13 上的 RGB 灯带随机亮起一盏灯，然后再去比较这盏灯相对应的光敏传感器检测到的值，这里的灯和光敏传感器是通过变量 k 来建立对应关系的。如果这时光敏传感器检测到的值是 0（手没按在传感器上方），就不断地重复执行延时指令，直到光敏传感器检测到的值是 1（手按在传感器上方），跳出循环执行下面的指令，让灯都熄灭，并伴随一声提示音表示打到地鼠了，接下来让打到地鼠的总只数 n 加 1，并在数码管上显示出来。

为了实现在玩游戏时可以随时重新开始这个功能，在不满足条件执行中增加了按下开始按钮后跳出循环的指令，并把变量 m 赋值为 0，因为跳出循环后还会执行一次下面的 n 赋值为 n+1 指令，所以在这里先把变量 n 赋值为 n-1，下面再加回来后才能保证 n 的值不变。

为了达到限时效果，在不满足条件执行中又增加了一个经过一定的时间（这里设为30s）就跳出循环的指令块，这个指令块通过两次获取系统运行时间进行比较，如果大于30s 就跳出循环，响起 3 声提示音，结束游戏，数码管上显示这局游戏打到地鼠的总数量。完整的程序如图 14.2 所示。

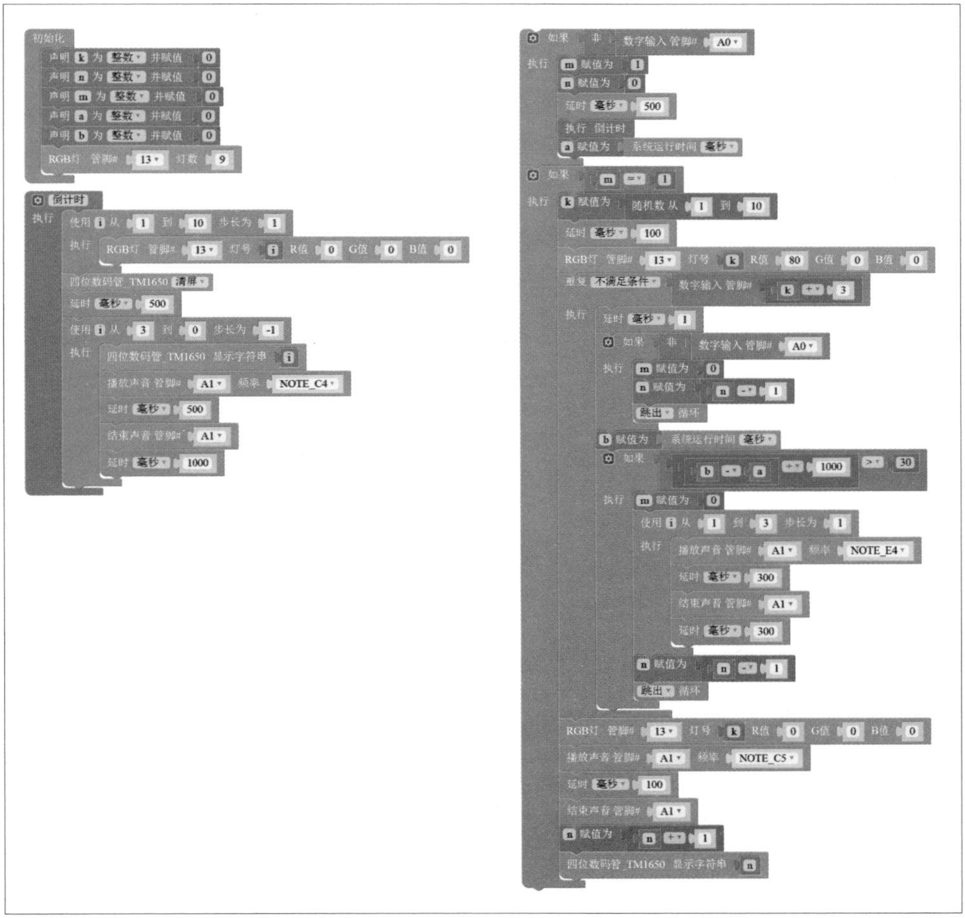

■ 图 14.2 完整程序

15 灭蚊“神器”

◇ 马东敏

夏天是蚊子肆虐的季节，某天我家因为收被子忘记关纱窗，蚊子就趁着这个时机，悄悄地进来了。老婆有身孕，没有用蚊香、电蚊香液之类的药类来驱蚊，所以经常半夜被咬醒，起来打蚊子。不知道大家有没有和我类似的感觉：蚊子好像一年比一年贼，你关灯时，它们就在你耳旁嗡嗡；你一开灯，全不见了。所以“六神明天见，六神天天见”，只能靠花露水驱蚊了。然而效果……大家都知道的。

直到听了《卓老板聊科技》谈到如何防蚊，我颇受启发，开始计划做一个环保、健康的灭蚊器。回家查了查相关资料，发现自己对蚊子的认知存在很多误区。要想防蚊、灭蚊，还是要先了解有关的科普知识。

15.1 蚊子为什么要叮人

只有怀了孕的母蚊子才叮人，将身体上一个吸管一样的东西扎进人的皮肤，吸血补充自身营养以便产卵。痒、起包只是人皮肤的一种抗炎症免疫反应。公蚊子不叮人，只吸植物的汁液。

15.2 蚊子喜欢叮什么样的人

体温高、有体味、呼出二氧化碳多的人，化过妆或喷发胶的人，黑色衣着的人，喝了酒的人，孕妇，这些群体最招蚊子。其中蚊子最喜欢的是体温高、二氧化碳排出量大的人，所以，打球时被咬一腿包就很正常了。

15.3 蚊子怕什么

蚊子怕的是大蒜、猪笼草、薰衣草等的味道，利用这些草啊蒜啊的味道驱蚊，显然是古法。如今不是有化学吗，各种驱蚊膏啊驱蚊水啊纷纷“粉墨登场”！

15.4 如何防蚊

有物理方法和化学方法。化学方法最有效的是在身上涂抹药物，物理方法用蚊帐最好，没有之一。但是……第二有效的呢？灭蚊灯？灭蚊贴？灭蚊手环？灭蚊软件？这些别人都做过实验，统统没用。有人要说电蚊拍，我现在就要告诉大家，那些电蚊拍简直就是一个失败的设计！危险不说，而且杀蚊子还得人爬起来瞪大眼睛操起家伙挥舞，还有可能没打着，让蚊子溜了。最气人的是，你明明确信打着了，却不闻声响，原来没电了……对于一天比一天聪明的蚊子来说，你的电蚊拍只能杀杀那些贪婪到吸血吸多了飞不动的傻蚊子罢了。人们买它完全是出于一种杀死一只蚊子后“噼里啪啦”加上电光的视听效果让你有一种复仇的感觉罢了。

如果把你和蚊子的关系看成是狩猎，除了拿起武器主动攻击，还有一个方法是就是诱导它们进陷阱然后消灭。陷阱最基本的 3 点就是：具有隐蔽性、能诱导、能捕杀。

所以接下来我要制作的灭蚊机一定要具备上面 3 个特征。

具有隐蔽性：其实真的没必要去考虑隐蔽的问题，唯一一点就是到底需不需要光，蚊子到底是趋光还是厌光。其实蚊子既不趋光也不厌光，半夜黑灯瞎火，你躺床上玩手机，蚊子就在你眼前晃来晃去，让你以为蚊子趋光，实际上，你只是借着手机的光看到了它们，让你觉得手机的光吸引了它们。实际上，你房子的角落里、窗帘上有着更多的蚊子。

能诱导：前面说了，蚊子最喜欢的两个东西是高温和二氧化碳。二氧化碳怎么来？化学课上老师做过醋泡鸡蛋壳冒气泡的实验，冒的泡泡就是二氧化碳了。把白醋放锅上热一热，装在一个碗里放一点鸡蛋壳，温度、二氧化碳都具备了。关键是家里随时都有，加工方便，就用它了。

能捕杀：把蚊子吸引过来了，接下来就是灭了它们。刚刚我说了电蚊拍是个失败的设计，但如果把它的外形和里面的电路稍微改一改，在使用方式变了后，它又会成为灭蚊陷阱的不二之选。当然，有能力、有电子元器件的朋友也可以按照电路图自己 DIY。

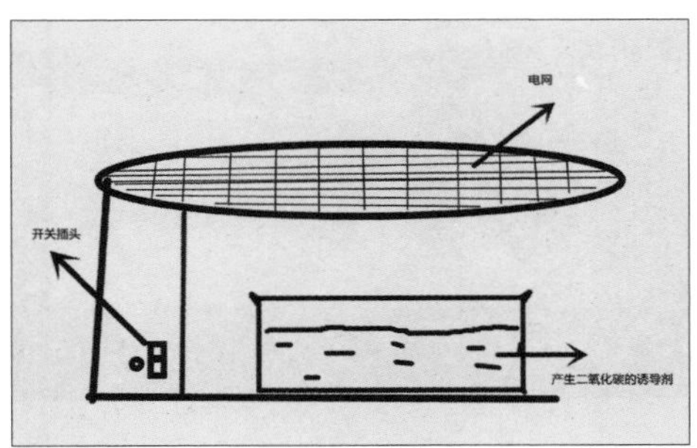

■ 图 15.1 灭蚊机结构草稿

我把灭蚊机的结构画了个大概样子，如图 15.1 所示。

15.5 开工

先拆开电蚊拍的外壳，电路板没什么可改动的，第一时间把电池剪掉，一是为了安全，二是我们不需要电池，要让驱蚊机一直开着，所以在剪掉的两根线上装个直流插头，提供 5V 供电就可以。把原本的按键去掉后，换成开关，我用的是自锁开关（见图 15.2、图 15.3）。如果有照明灯和指示灯

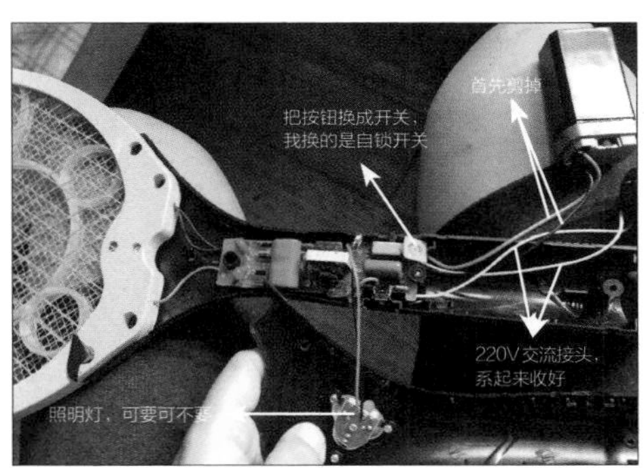

■ 图 15.2 拆开电蚊拍

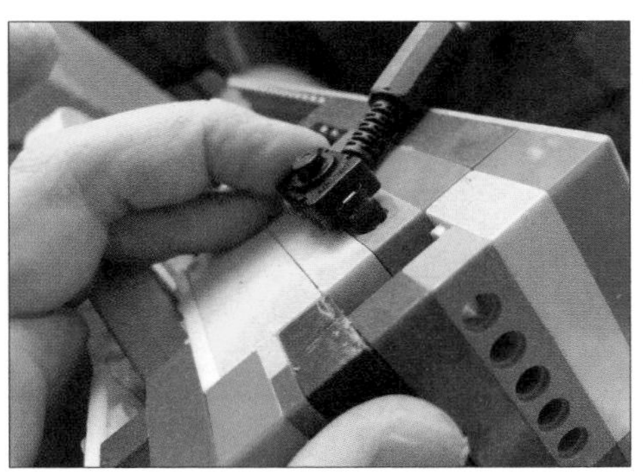

■ 图 15.3 自锁开关

可以保留。最后把手持部分的黑色塑料壳拆下来。想办法用积木搭座桥。我拿了块白板积木，在上面钻孔，把电蚊拍固定在上面（见图 15.4）。

电路板放入积木搭出的空间里，不用的两根黄线可以处理一下塞进去（见图 15.5）。我做了个挡板，防止突然的碰撞把水弄进电路箱（见图 15.6）。

接下来制作简单的二氧化碳生成器。把雪碧瓶底剪下来做容器，选它这个是因为这个瓶底又有 5 个小容器，可以尝试不同的诱饵。这里先放入鸡蛋壳和白醋（见图 15.7）。

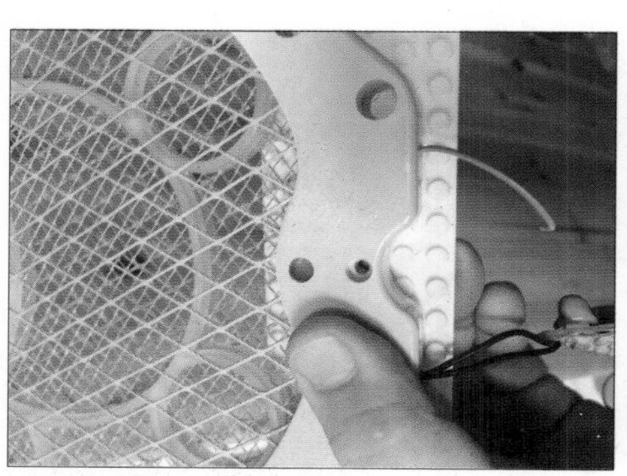

■ 图 15.4 在积木上钻孔

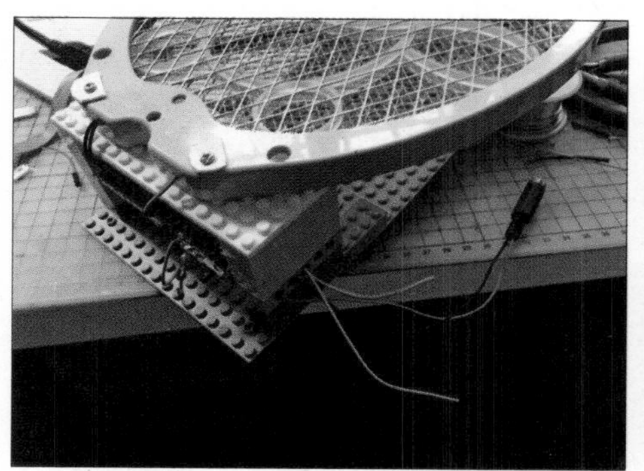

■ 图 15.5 电路板放在积木搭出的空间中，这里可以看到新增的插头

制作完成的成品如图 15.8 所示。

整个改造计划，只是加了个开关和插头、

■ 图 15.6 挡板

■ 图 15.7 在剪下来的雪碧瓶底里放入鸡蛋壳和白醋

■ 图 15.8 制作完成

一些积木、钉子，而且都是身边有的（如果不用积木，用一些 PVC 管材也可以），而且原理简单，又很好操作。

其实这篇文章写完，我已经把这个制作的效果体验了两天，第一天我醒着时，它杀死一只蚊子，睡着时就不知道了，反正效果是一晚上没被蚊子咬。第二天我把诱饵换成了小苏打加稀释的白醋，睡着前驱蚊机杀死 4~5 只蚊子，效果也是一晚上没被蚊子咬。

若想知道睡着后能消灭多少蚊子怎么办？这个就得请出单片机了，用声音传感器做个简单的计数器就能实现，连接如图 15.9 所示。因为我手边没有可用的显示模块，暂时用计算机上的串口监视器显示效果吧（见图 15.10）。

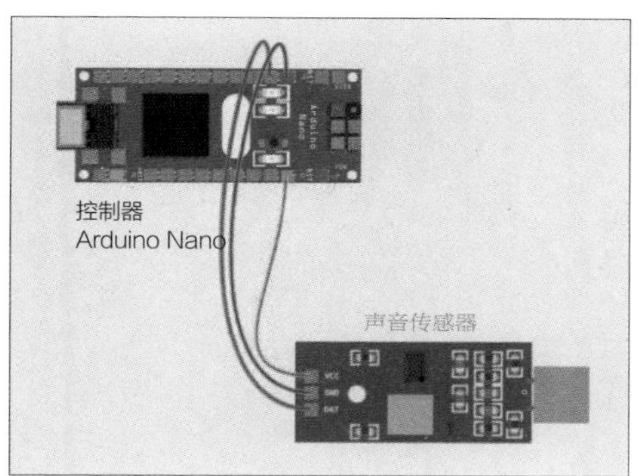

■ 图 15.9 声音传感器的连接

```
COM13

on
kills: 1
off
on
kills: 2
off
on
kills: 3
off
on
kills: 4
off
on
kills: 5
off
on
kills: 6
off
on
kills: 7
```

■ 图 15.10 串口监视器上显示的杀蚊子结果

15.6 代码

```
//定义声音传感器的引脚为 2
const int  viocePin = 2;
//定义 LED 输入引脚为 13
const int ledPin = 13;
//定义用来记录声音传感器触发次数的整型变量
int viocePushCounter = 0;
//记录当前声音的状态
int vioceState = 0;
//记录声音之前的状态
int lastvioceState = 0;
//对 Arduino 或相关状态进行初始化
void setup() {
  //设置声音传感器的引脚为输入状态
  pinMode(viocePin, INPUT);
  //设置电路板上 LED 的引脚状态为输出状态
  pinMode(ledPin, OUTPUT);
  //开启串行通信，并设置其波特率为 9600
```

```
  Serial.begin(9600);
}
void loop() {
// 读取声音传感器的输入状态
vioceState = digitalRead(viocePin);
// 判断当前的声音传感器状态是否和之前有所变化
if (vioceState != lastvioceState) {
// 判断是否为有声状态，如果有声，则记录声音次数的变量加一
if (vioceState == HIGH) {
// 将记录按键次数的变量加一
viocePushCounter++;
// 向串口调试终端打印字符串 "on"，表示当前声音状态为有声，输出完成后自动换行
Serial.println("on");
// 向串口调试终端打印字符串 "kills:"，此处没有换行
Serial.print("kills:  ");
// 接着上一行尾部，打印杀死蚊子的数量
Serial.println (viocePush Counter);
}
else {
// 向串口调试终端打印字符串 "off"，表示当前为无声状态
Serial.println("off");
}
// 为了避免信号互相干扰，此处将每次采集声音的频率设置为 5s
delay(500);
}
// 将每次 loop 结束时最新的声音状态进行更新
lastvioceState = vioceState;
}
```

好了，灭蚊“神器”就介绍到这里，如果有朋友做出了更好的防蚊项目，欢迎交流。

头戴式肌电鼠标

◇ 隰佳杰

为什么要做个头戴式肌电鼠标？先说说我的想法来源吧。去年我参加了蘑菇云的创客大赛，作品就是给残疾人做的无障碍输入设备——超大号的键盘 Helper，拿了一个一等奖（见图 16.1）。后来我觉得它对于残疾人来说还是不够方便，在跟一些资深玩家进行头脑风暴时，我想到了通过头部动作输入信息的方式。

该设备采用运动感应、肌电传感、语音识别等技术，可以实现以下功能。

（1）用陀螺仪将头部运动转化为鼠标指针移动，从而解放双手，帮助双手行动不便及单 / 双臂缺失的人操作鼠标。

（2）用肌肉电传感器检测牙齿咀嚼肌的咬合，实现鼠标单击、双击操作。

（3）语音识别功能可选控制、输入两种模式。控制模式可实现通过语音命令，如“复制”“粘贴”等进行控制；输入模式可将语音转换为文字，实现快速输入。

（4）通过运动感应器实现坐姿检测、颈椎病预防等功能。

准备好材料（见表 16.1）就可以开工了。

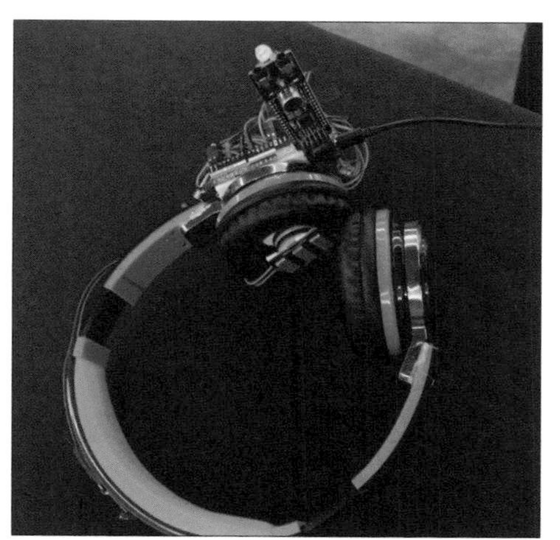

■ 图 16.1 超大号的键盘 Helper，每个按键都有背光，下部中心还有摇杆

表 16.1 制作所需的材料

Arduino Leonardo 控制板
OYMotion 肌电模块
陀螺仪模块 JY901
语音模块
蜂鸣器

16.1 测试、安装肌电传感器

OYMotion 的肌电模块我寻找了许久，在这里情不自禁要为 OYMotion 打个小广告。我找遍了市场上的肌电传感器，都要在电极上额外贴一层胶，完全不是消费级方案，而 OYMotion 用的是干电极，而且可以实现医疗级的精度。

原始模块如图 16.2 所示。为了减小体积，我将耳机线路部分移除，用飞线的方式进行传输，如图 16.3 所示。

如何接线呢？很简单：VCC 对 3.3V，GND 对 GND，数据线接 A0 进行 AD 转换。只要用一条程序语句就可以读到数据：

```
data = analogRead(A0);
```

但如何实现牙齿单击、双击呢？首先要大致熟悉 HID 开发宝贝——Arduino Leonardo，这部分就不多说了，大家自己查资料就好了。用 Arduino 采集数据后，通过波形分析，就可实现鼠标的单击、双击，具体分析过程请参考程序（请从本书下载平台下载，见目录）。先给大家看一下波形图，图 16.4 和图 16.5 均为咬牙一次 + 长咬的过程，图 16.4 所示是原始数据，图 16.5 所示是算法处理后的肌电数据（粗线代表鼠标按下的过程）。

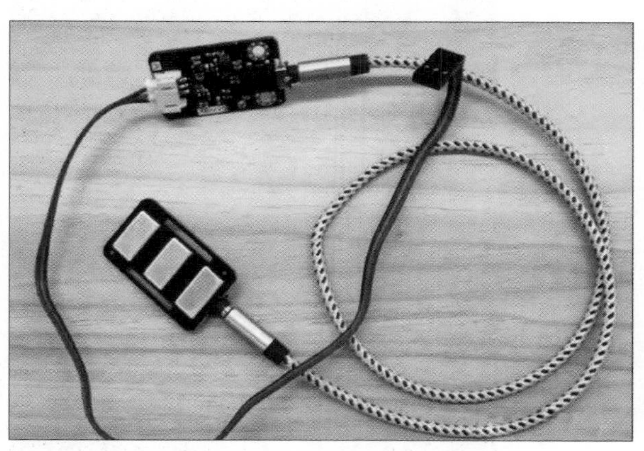

图 16.2 肌电模块

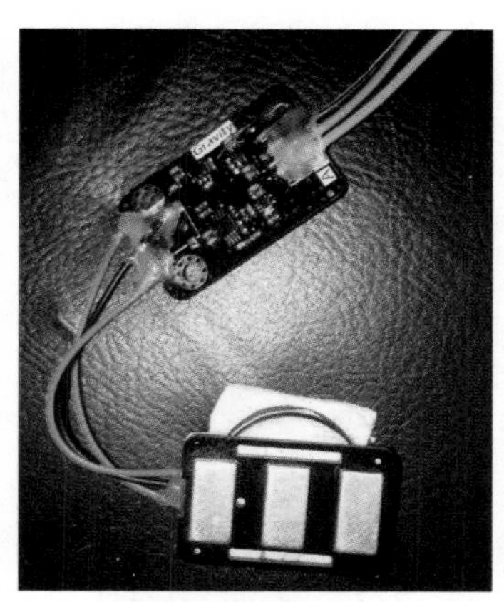

图 16.3 改装后的肌电模块

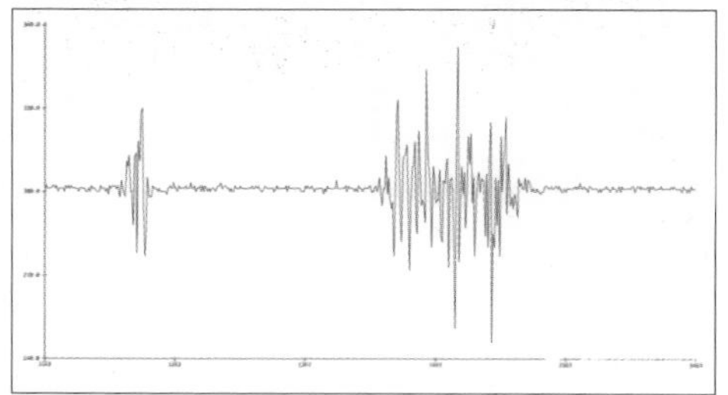

图 16.4 原始肌电数据

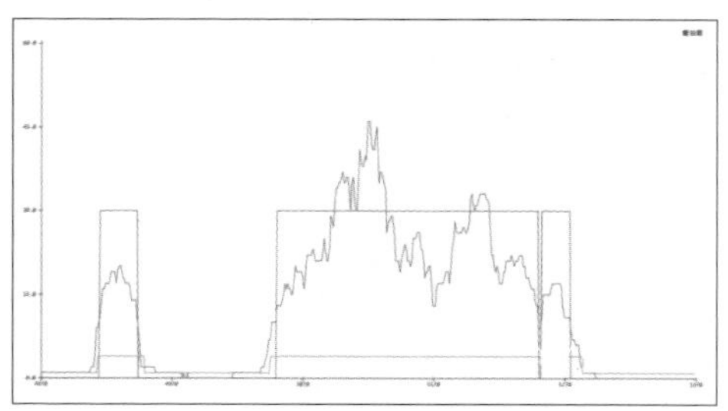

图 16.5 处理后的肌电数据

16.2 安装陀螺仪

用陀螺仪感知头部运动，是个取巧的方法。我选用的是市场上现有的陀螺仪模块 JY901（见图 16.6），可以直接输出角度数据。可以通过角度来计算鼠标的移动，算法详见程序。注意：模块一定要水平 / 竖直放置，头顶是最佳位置，这是经验。

那我们用什么制作支架呢？既要有弹性，又要能夹住肌电传感器，还要佩戴舒适，那只好牺牲我的头戴式耳机了（见图 16.7）。

16.3 语音模块

语音模块听上去会让人眉头一紧，其实用起来并不复杂，看到官网给出的 Arduino 操作，你就恍然大悟了，其实就是通过拼音进行识别嘛！语音模块与 Arduino 的连接，是通过 SPI 接口（见图 16.8）完成的。

16.4 其他小部件的连接

还需要使用蜂鸣器、LED 等小部件来提示信息。LED 的连接线，一根接 GND，一根接 13 口。蜂鸣器除了 VCC、GND 外，数据线接 7 口。

肌电模块装在耳机耳蜗中，佩戴时尽量与脸部贴合；陀螺仪模块放在头顶，用以感应头部运动；Arduino 控制板放在耳侧；语音模块从控制板前部探出来，与讲话者更近；蜂鸣器藏在控制板上；LED 放在语音模块前端，戴上整个设备后，眼睛可以看到。整体效果如图 16.9 所示，怎么样，还不错吧？

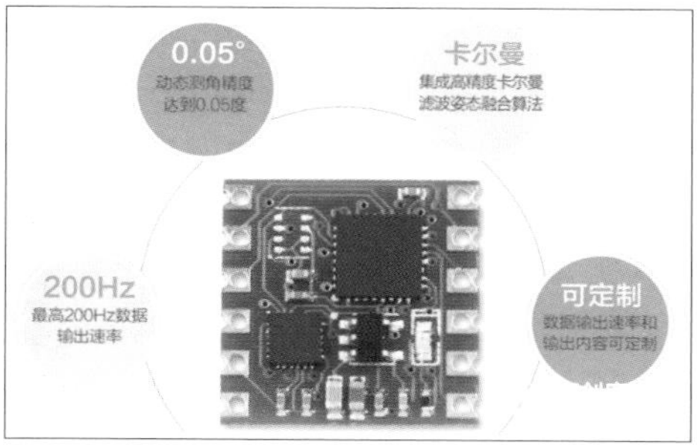

■ 图 16.6 陀螺仪模块 JY901

■ 图 16.8 语音模块与 Arduino 连接

■ 图 16.7 头戴式耳机

■ 图 16.9 制作完成的头戴式肌电鼠标

17 用 Arduino 制作鱼和植物共生循环装置

◇ 李守良

很多人会在家养鱼或种植绿色植物，但是繁忙的生活可能会让我们忘记给鱼投食和给植物浇水。那么如何解决这一现实问题呢？我们尝试用 Arduino 和各种传感器结合，制作了一个植物和鱼共同生存、互相补充的装置，主要实现 3 个功能：（1）当植物缺水时可以向植物浇水；（2）因为鱼的粪便是弱碱性的，而大部分植物所需的生长环境也是弱碱性的，所以如果鱼缸中的水比较浑浊，可以将水抽出来给植物浇水；（3）定时向鱼缸中投食。

17.1 设计思路

植物大多喜欢阳光，鱼则不能被暴晒。所以需要做一个架子，将植物置于架子上，将鱼缸置于架子下，以此使植物接收阳光的同时，鱼可以在阴凉的环境生存。除此之外，需要将鱼缸中的水运到植物盆中，自下而上的运输需要用水泵来完成。

浇水时间需要根据土壤的干燥程度进行判断，可以通过土壤湿度传感器获取相应数值，植物需要水时，通过程序控制水泵浇水。但是需要注意的是，外界温度太高时不宜浇水，因为如果温度太高，植物可能没有充足的氧气而闷死，所以也需要通过温度传感器来检测外界温度值，土壤湿度和外界温度结合一起控制水泵是否浇水。

根据学校老师的指导和在网上查阅资料可知，随着鱼的排泄物积累，水中氨氮含量增加。在鱼和植物共生循环装置中，鱼缸中的水被输送到植物生长的土壤中，土壤中的微生物将水中的氨氮分解成亚硝酸盐，然后再被硝化细菌分解成硝酸盐，硝酸盐可以直接被植物作为营养吸收利用。这种装置帮助动物、植物、微生物三者达到一种和谐的生态平衡关系，是可持续循环型零排放的低碳生产模式，也是有效解决农业生态危机的方法。

那么这种模式是否可以应用到所有植物上？经过查找文献资料，我们发现并不是所有的植物都喜欢在弱碱性环境下生长。不过我们熟悉的多肉植物是适合在碱性环境下生存的，因此在这个实验中，我们选择了多肉植物。

多肉植物不需要浇太多的水，所以土壤湿度宜偏干，浇水周期为两周左右比较合适。金鱼不宜在 pH 值超过 8 的环境中生活，所以将 pH 值的临界值设为 8，当鱼缸中水的 pH 值超过 8 时，则水泵自动抽水浇灌多肉植物。金鱼的投食也不宜频繁，一般一个星

表 17.1 制作所需的材料

名称	数量	说明	管脚
木质架子	1 个	放置装置、植物，遮挡部分阳光	
土壤湿度传感器	1 个	检测土壤湿度	A0
温湿度传感器	1 个	测量空气温度、湿度	D10
pH 值传感器	1 个	检测土壤酸碱度	A2
7.4V 电池	1 个	电源	
舵机	1 个	喂鱼装置	D3
水泵	1 个	吸取养鱼的水	M1
Romeo V1.3	1 个	主控板	

期喂食一次即可。

17.2 系统功能

根据查找资料，我们确定了装置功能和临界值。当温度低于 40℃，且多肉植物土壤湿度较低（土壤湿度传感器低于 500）时，则启动水泵抽取鱼缸中的水浇灌多肉植物；当鱼缸中的 pH 值大于 8 时，也会自动抽水浇灌多肉植物；每隔一星期自动给鱼缸的金鱼投食一次。

17.3 硬件装备

根据功能的需求和设定，我们需要比较多的材料，如表 17.1 所示。

具体的主要硬件外观如图 17.1 ~ 图 17.6 所示，它们可以在 DFRobot 网站购买。

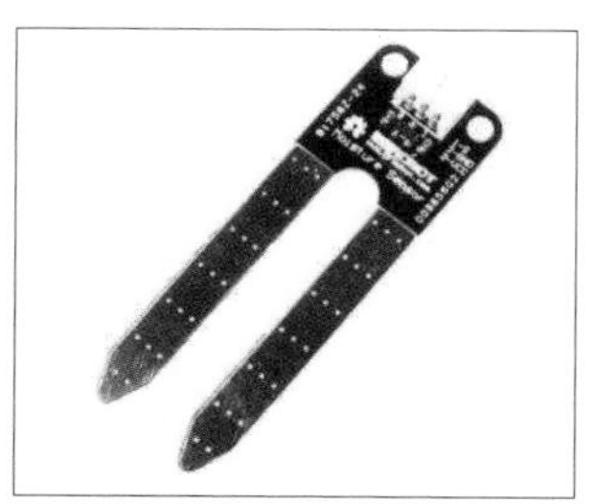

图 17.1 土壤湿度传感器

图 17.2 空气温 / 湿度传感器

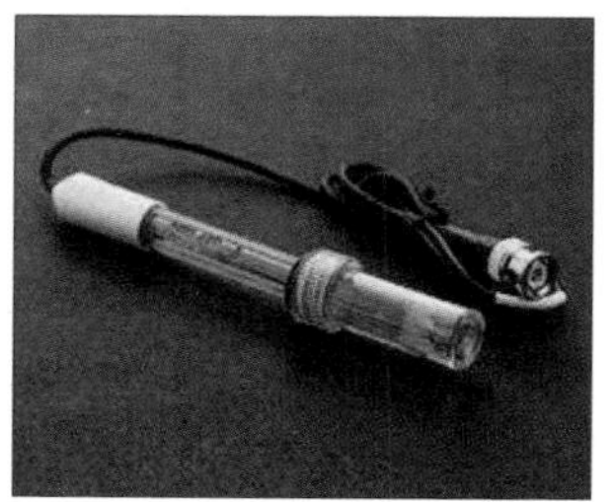

图 17.3 pH 值传感器

图 17.4 电池

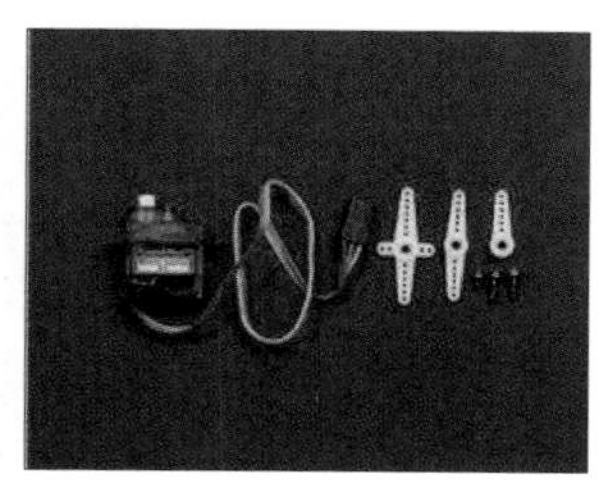

图 17.5 舵机

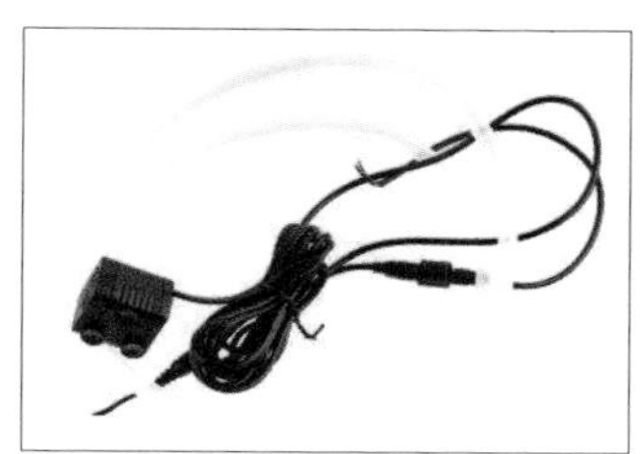

图 17.6 水泵

17.4 代码编写

该装置的程序我们使用 Mixly 图形化编程软件进行编写，具体如图 17.7 所示。

需要注意的是，在该程序中我们默认每 1h（3600s）投食一次，在实际使用时可以根据需要进行调整。

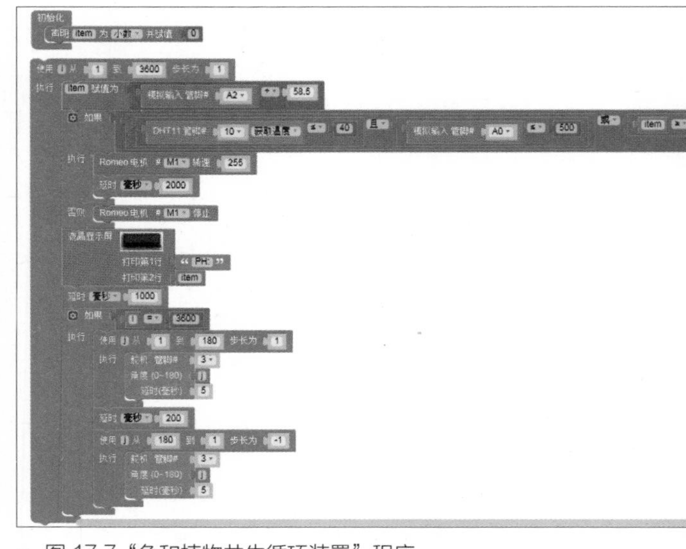

■ 图 17.7“鱼和植物共生循环装置”程序

17.5 测试效果

将硬件进行组装和测试，测试如图 17.8 ~图 17.10 所示。

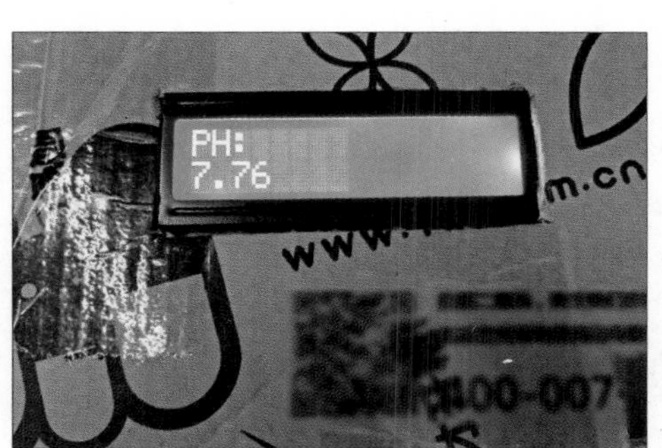

■ 图 17.8 LCD 显示鱼缸中的水的 pH 值

■ 图 17.9 投食器装置

17.6 不足和改进

由于材料的限制，我们只能使用一个水泵抽取鱼缸的水，后续我们将再引入一个水泵，一个水泵抽水，另外一个水泵同时向鱼缸中进行补水，以保证鱼缸中的水量和水质，为鱼的生长提供较好的环境。

■ 图 17.10 鱼和植物共生循环装置外观

18 甲醛检测仪

◇ 魏春梅

甲醛（HCHO）是一种无色、有强烈刺激性气味的气体，易溶于水、醇和醚。甲醛在常温下是气态的，通常以水溶液形式出现，经常吸入少量甲醛，会引起慢性中毒，出现头痛、乏力、心悸、失眠以及植物性神经紊乱等症状。而在我们生活的环境中应该可以说随处可见甲醛，比如家具所用的合成板材和室内装修所用的装饰材料中都可能存在甲醛。前一段时间哥哥家的新房刚刚装修不久，因为用来当婚房，所以急着想要住进去，于是在家里到处都放置了除甲醛的东西，前两天他还在网上购买了一个甲醛检测仪。

目前，市场上甲醛检测仪的种类非常多，比如在某宝上，就有各种测甲醛的传感器和常见的试纸。虽然试纸价格便宜，但是所测数据不稳定，误差范围过大（±20%）。为此，我自己 DIY 了一个便携式甲醛检测仪，这样以后就可以随时检测自己所处环境的甲醛浓度了。

18.1 制作所需材料

甲醛传感器

图 18.1 所示的甲醛传感器是电化学传感器，它可以将甲醛气体的浓度转换为微弱的电流信号，这样就可以通过电流 - 电压变换电路将微弱的电流信号转换为可以测量的稳定的电压信号，增强了电信号的稳定性。另外它与 Arduino 兼容，可以精确地测量空气中的甲醛浓度，相比其他甲醛检测仪，它可以抑制干扰气体，而且稳定性和分辨率都较高。其使用寿命长达 2 年。

甲醛传感器采用简单的 Gravity 接口，输入电压范围大，支持模拟电压输出或者串口输出。结合物联网（IoT）技术，它让全自动测量并统计不同地点的空气质量成为可能。

■ 图 18.1 甲醛传感器

DFRduino UNO R3

主控板采用兼容 Arduino Uno 的 DFRduino UNO R3（见图 18.2），它的性价比很高。

其他配件

其他配件还有 Gravity I²C LCD1602 彩色背光液晶屏、I/O 传感器扩展板、连

图 18.2 DFRduino UNO R3

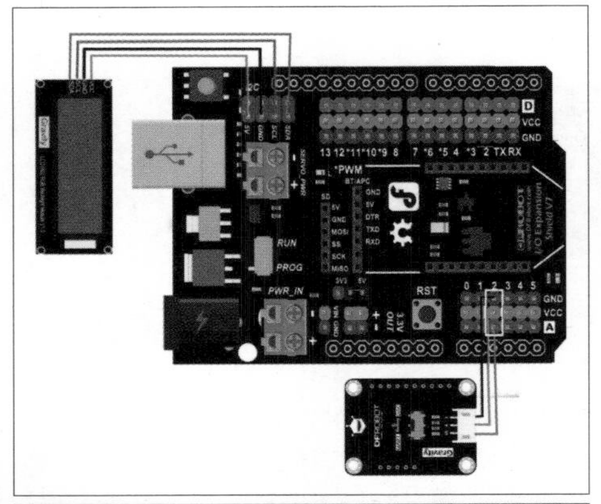

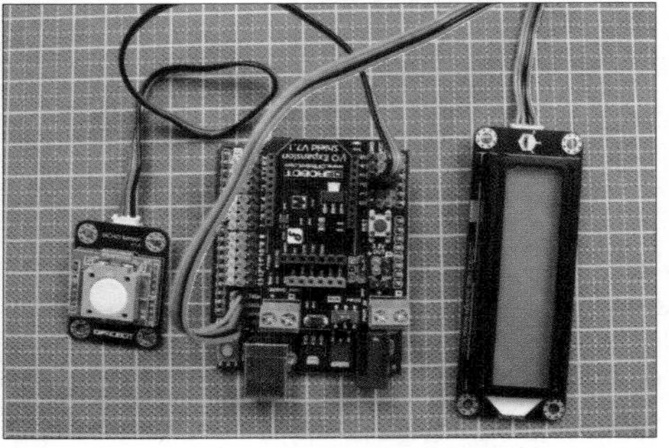

图 18.4 电路连接示意图与实物图（DAC 模式）

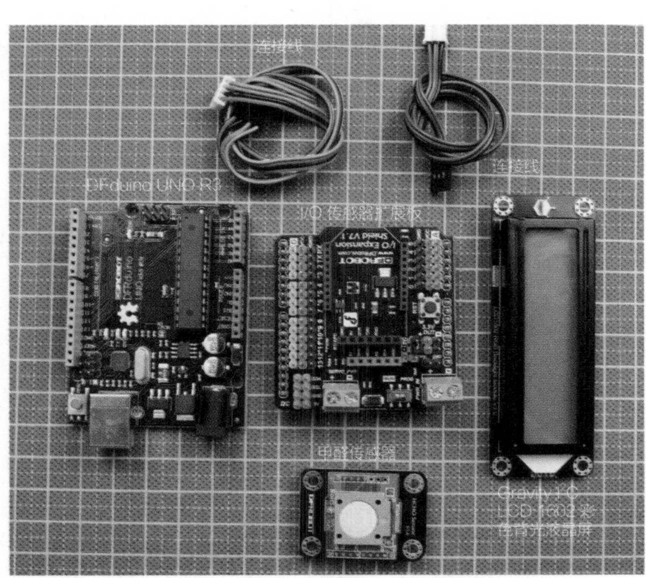

图 18.3 制作所需的材料

接线，如图 18.3 所示。

18.2 电路连接

甲醛传感器可以采用 DAC 模式或 UART 模式。

将甲醛传感器上的开关拨至 DAC 一端，电路接线如图 18.4 所示。在 DAC 模式中，测量精度会受主控器 ADC 的位数、参考电压精度的影响，因此请使用高精度的电源给主控器供电，或者直接使用主控器的内部参考电

压，而且主控器的 ADC 至少是 10 位的。

将甲醛传感器上的开关拨至 UART 一端，电路连接如图 18.5 所示。以上两种模式中，我推荐使用 UART 模式，因为在此模式下可以获得更高的精度。

我设计了一个 3D 打印外壳来容纳所有部件。

屏幕采用的是 Gravity I²C LCD1602 彩色背光液晶屏，背光共有 1600 万种颜色组合。为了体现液晶屏的“高大上”，我一共选用了 4 种颜色（绿、黄、红、紫）来区分甲醛浓度的不同程度。

当甲醛浓度在安全范围内（则居室空气中甲醛浓度低于 0.08mg/m^3），屏幕背光显示为绿色（见图 18.6）。

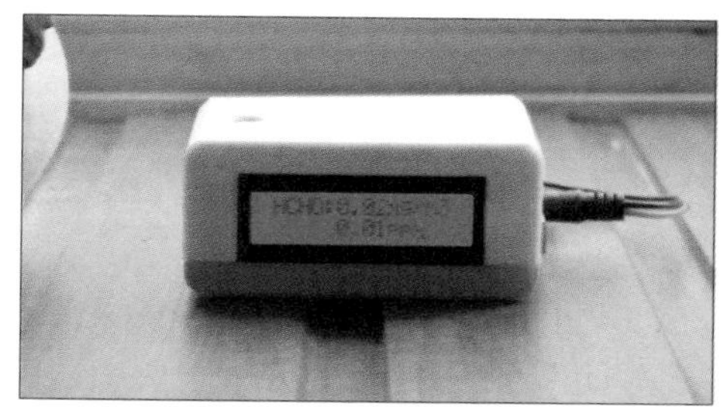

■ 图 18.6 甲醛浓度在安全范围内

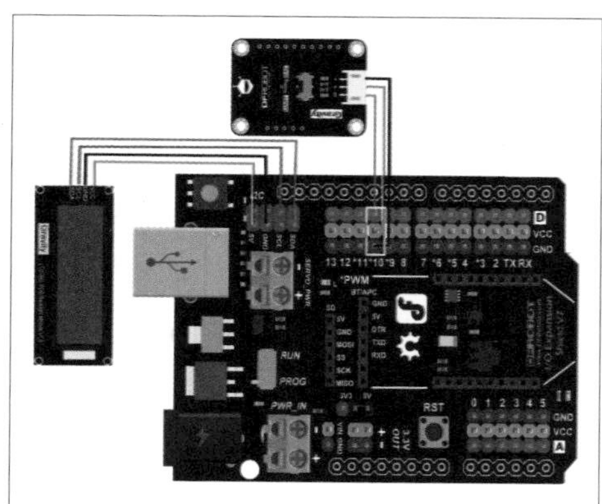

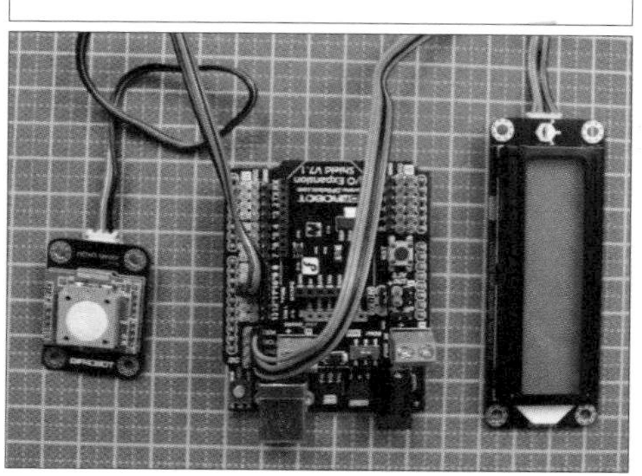

■ 图 18.5 电路连接示意图和实物图（UART 模式）

■ 图 18.7 甲醛浓度超过安全范围

当甲醛浓度超过安全范围（空气中的甲醛浓度为 0.08~0.268mg/m^3），屏幕背光显示为黄色，这时就需要放置一些能够吸附甲醛的东西了（见图 18.7）。

当甲醛浓度严重超标（空气中的甲醛浓度为 0.268~5.36 mg/m^3），屏幕背光显示为红色（见图 18.8）。这类房间最好还是空置半年再入住。

当甲醛浓度大于 5.36 mg/m^3（此款甲醛传感器的最大检测范围为 6.7 mg/m^3），

■ 图 18.8 甲醛浓度严重超标

已经达到“爆表”的程度，这时会红色、紫色屏幕背光交替闪烁。

18.3 编程

程序原理比较简单，就是通过模拟口读取甲醛传感器的数据然后显示出来，并根据甲醛浓度数值大小采用不同的背光颜色进行提示。程序和 3D 打印文件请从本书下载平台（见目录）下载。

甲醛浓度会同时以 ppm（即百万分之一，非标准单位）和 mg/m³ 两种单位显示。在标准状况下，1ppm=1.34mg/m³。对于 16~35℃的常温环境，推荐使用平均值转换关系式：1ppm=1.25mg/m³。在程序中，我直接进行了换算。

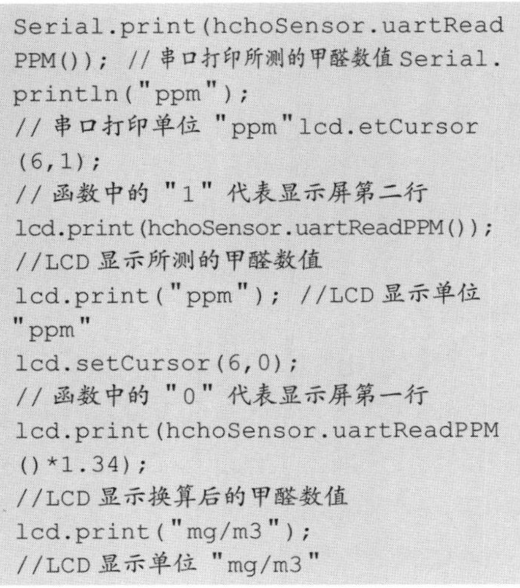

```
Serial.print(hchoSensor.uartRead
PPM()); // 串口打印所测的甲醛数值 Serial.
println("ppm");
// 串口打印单位 "ppm" lcd.etCursor
(6,1);
// 函数中的 "1" 代表显示屏第二行
lcd.print(hchoSensor.uartReadPPM());
//LCD 显示所测的甲醛数值
lcd.print("ppm"); //LCD 显示单位
"ppm"
lcd.setCursor(6,0);
// 函数中的 "0" 代表显示屏第一行
lcd.print(hchoSensor.uartReadPPM
()*1.34);
//LCD 显示换算后的甲醛数值
lcd.print("mg/m3");
//LCD 显示单位 "mg/m3"
```

18.4 应用场景

甲醛含量超标，将对人体健康造成很大的危害，我们必须要重视起来，这样才能做到“生命，随年月流去，随白发老去。”我们所处的很多环境都需要检测甲醛浓度，所以这款甲醛检测仪有很多用武之地，如书柜里、汽车内、会议室中，特别是刚装修的房子里（见图 18.9~ 图 18.12）。具有民用价值的甲醛检测仪既要满足生活需要，也要方便携带。针对这种情况，我的设计遵循的是体积小、质量轻、性价比高的原则。

■ 图 18.9 书柜里

■ 图 18.10 汽车内

■ 图 18.11 会议室里

■ 图 18.12 房间里

用 Arduino 制作机械结构温度计

◇ 刘泽宇

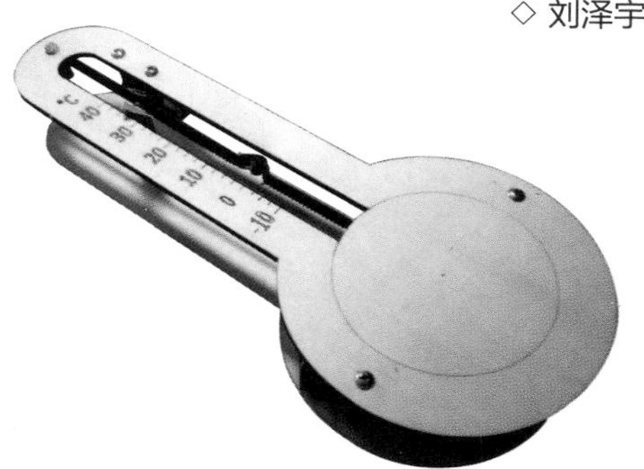

我家里的温度计，是那种最传统的、使用红色酒精来测量温度的温度计（见图 19.1）。而现在的厂商设计的温度计未免太没新意，用一块 LED 显示屏就草草了事，方方正正的外观也十分古板，与家庭装修不搭。我想到采用传统的温度计外观，结合一些机械结构来显示温度，用同步带齿轮来传达温度的变化，让它成为家中的一个亮点。

19.1 结构设计

首先是选择材料，我之前在选择亚克力板和椴木板之间徘徊，不知道用哪种材料好，但是观察了一些家庭的装修之后，发现木饰面占大多数，还是觉得使用椴木层板（见图 19.2）比较好，并且木板更易于加工，给后面的工序也带来了便利。

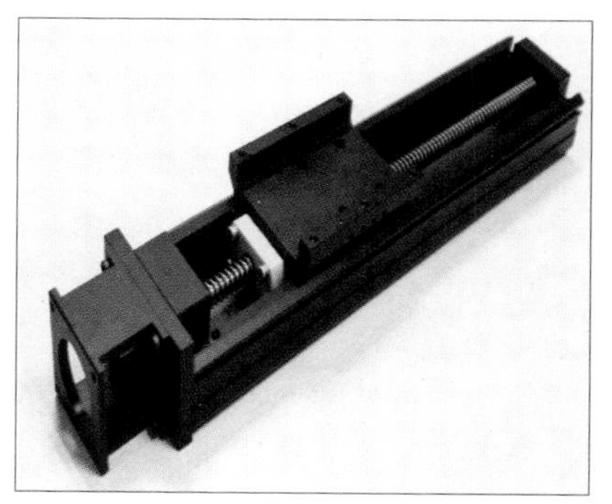

■ 图 19.3 丝杆加滑台

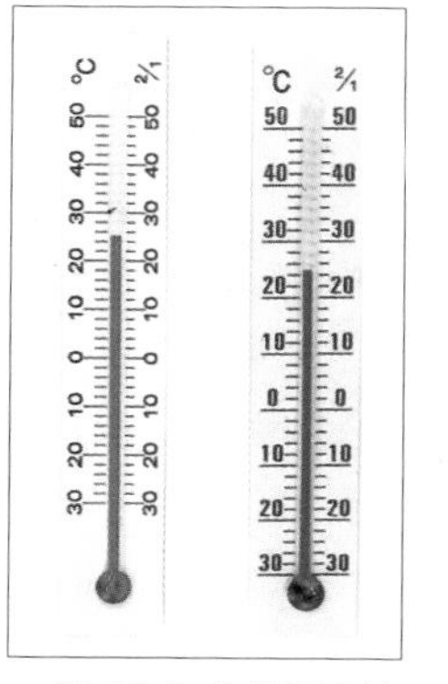

■ 图 19.1 传统温度计

■ 图 19.2 椴木层板

对于温度的显示，我想用类似 3D 打印机的原理，使用步进电机驱动同步带，同步带带动指针在表盘上移动，这样做保证了指针的稳定和指示温度的精确。我也曾想过使用丝杆加滑台（见图 19.3）来驱动指针，但是由于价格高昂，最终放弃。

接着就是对于电机以及驱动部件的选择。市面上最常见的步进电机就是42步进电机，它常常被使用在各种机器人或者3D打印机上，稳定性非常有保障，但是缺点是体积过于庞大，不适合温度计使用。经过一番挑选，我选用了28BYJ48减速步进电机（见图19.4）。这款步进电机体积小巧，工作电流小，使用ULN2003芯片即可驱动，价格也比42步进电机便宜，并且含有减速装置，在扭矩方面也有了保障。输出轴也是5mm的D形轴，可以兼容市面上常见的同步轮。

传动系统选用3D打印机常用的标准件。我使用了16齿的GT2同步轮作为驱动轮，驱动同步带转动。从动轮就比较简单了，用两个轴承即可，这样做既简单也便宜，没必要花钱去购买惰轮。同步带的松紧决定了指针的指示是否精确，于是我增加了一个张紧弹簧来保证同步带时刻处于张紧状态（见图19.5）。指针的做法就比较多变了，我使用了一个回形针来指示温度，回形针可以牢固地夹在同步带上，不易晃动。

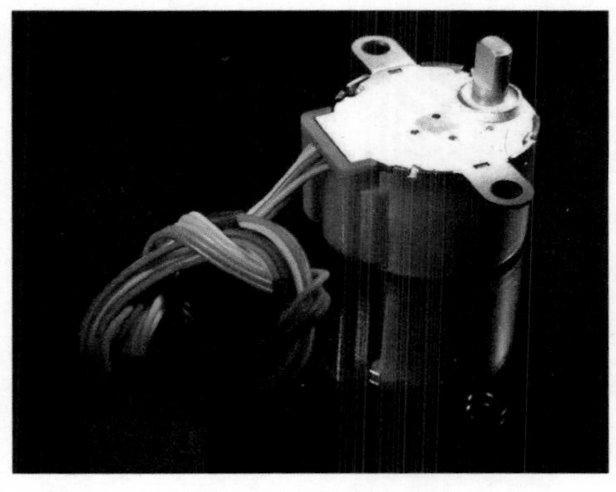

■ 图19.4 28BYJ48减速步进电机

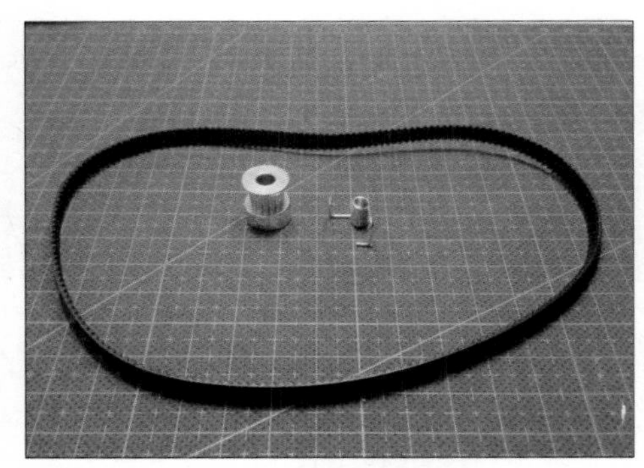

■ 图19.5 同步带、轴承和张紧弹簧

19.2 电路设计

单片机我选择的是Arduino Uno，因为它支持很多开源库以及传感器，所以编写程序也十分简单，易于操作。使用其他单片机需要了解各种复杂的寄存器，使用Arduino只需要掌握简单的语句即可实现很多功能。在性能方面，Arduino Uno所搭载的ATmega328单片机的资源也足够使用。

选择好单片机之后，其他元器件的选择就简单了许多。温度测量方面，我使用了DHT11温/湿度传感器，单总线传输数据的方式更加节省端口资源。得益于Arduino的开源环境，使用它也十分容易，只需要一个函数即可获取温/湿度信息，它是制作温度计的不二之选。

步进电机的驱动模块使用ULN2003大功率达林顿晶体管阵列模块（见图19.6），此模块很易于找到并且价格低廉。板载4路LED指示灯可以让你清楚地观察到各相的工作状态。Arduino中有此驱动模块的函数库，我们只需要调用即可。设计好的电路如图19.7所示。

■ 图 19.6 ULN2003 模块

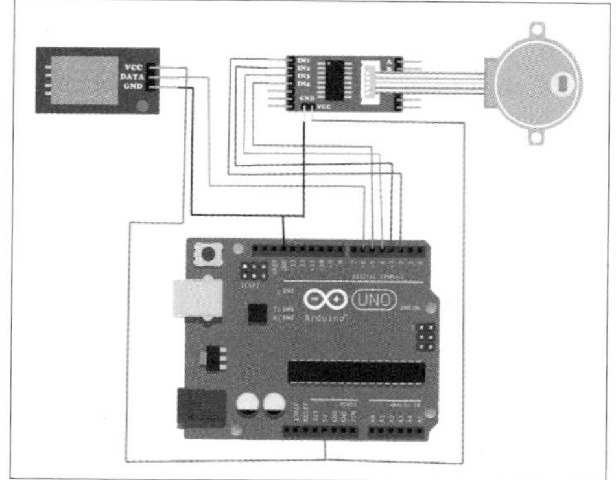

■ 图 19.7 电路连接示意图

19.3 外观设计

完成结构设计及电路设计之后，接下来就要设计木板的激光切割图纸了。设计好图纸，发送给厂家切割，几天后，就能收到切好的木板（见图 19.8）。

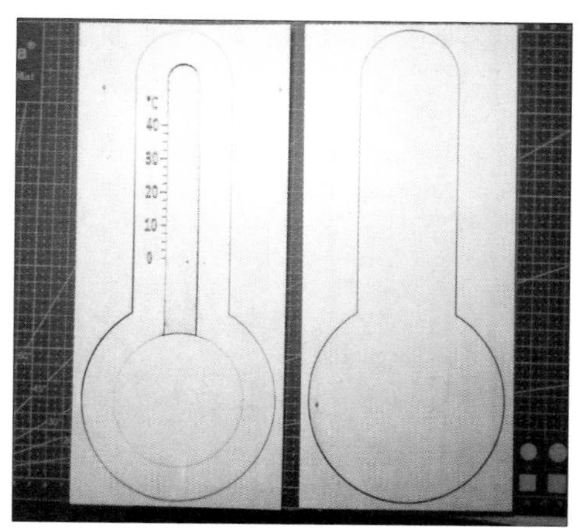

■ 图 19.8 切割好的木板

接下来将各个元器件悉数安装到对应位置，并将电路接好（见图 19.9），因为温度传感器及步进电机驱动模块使用的都是数字信号，所以我只使用了 Arduino 的数字端口。

19.4 编程

编程时，我们首先需要引入头文件，没有这些头文件，一些函数就无法调用。

```
#include <dht11.h>    // 引用 dht11
温 / 湿度传感器库文件

#include <Stepper.h>  // 引用步进
电机驱动库文件
```

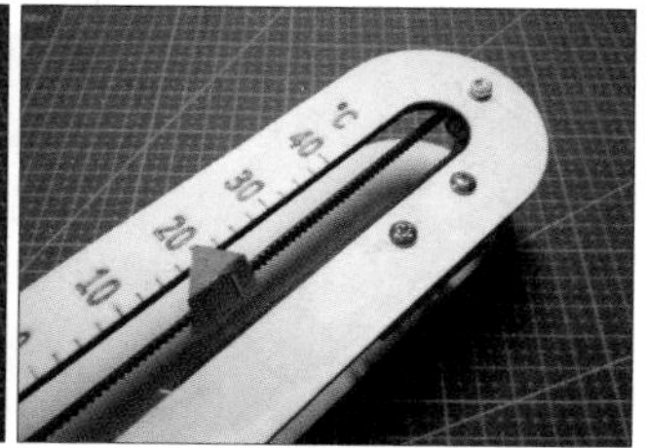

■ 图 19.9 安装部件

接着依据电路图来定义元器件的接口。

```
#define DHT11PIN 6 //dht11 温 / 湿度传感器的数据输出接在 ArduinoUno 的 6 号数字引脚
Stepper myStepper(stepsPerRevolution, 2,3,4,5); // 步进电机驱动模块的输入信号接在 ArduinoUno 的 2、3、4、5 号数字引脚
dht11 DHT11;  // 实例化 DHT11 对象，便于后面读取温度使用
```

接下来定义一些变量，来存储温度数据或者步进电机的位置信息。

```
int stepsPerRevolution = 128; // 步进电机每次转动步数
int temlast=0; // 上一次读取到的温度数据
int chk,tem; //chk 代表读取到的温 / 湿度数据，tem 代表读取到的温度数据
```

接下来就是初始化程序，里面包含了初始化温度传感器以及各个变量的代码。

```
void setup() {
 Serial.begin(9600); // 设置串口波特率
 pinMode(DHT11PIN,OUTPUT); // 定义温 / 湿度传感器的端口为输出
 myStepper.setSpeed(50); // 设置步进电机转速为 50r/min
 delay(1000);
 chk = DHT11.read(DHT11PIN); // 读取温 / 湿度的值赋给 chk
 tem=DHT11.temperature; // 从 DHT11 对象中将温度数据分离出来
 temlast=tem; // 将温度赋给存储上一次测量温度的变量，以便接下来的比较
}
```

接下来就是主要循环程序，对于控制步进电机转动，我使用了比较的方法，将上一次测量的温度存储起来，与当前测量的温度进行比较，根据差值来控制步进电机的转动方向，具体实现代码如下。

```
void loop() {
 chk = DHT11.read(DHT11PIN); // 读取温 / 湿度的值赋给 chk
 tem=DHT11.temperature; // 从 DHT11 对象中将温度数据分离出来
 delay(100);
 Serial.print("Tempeature:"); // 串口打印出 Tempeature:
 Serial.println(tem); // 打印温度
 if(tem-temlast>=1) // 如果当前测量温度大于等于上一次测量的温度 1℃
{
  myStepper.step(stepsPerRevolution); // 步进电机正向转动
  Serial.println("add"); // 串口打印 add
  temlast=tem;  // 更新上一次测量的温度
 }
 else if(tem-temlast<=-1) // 如果当前测量温度小于等于上一次测量的温度 1℃
 {
  myStepper.step(-stepsPerRevolution); // 步进电机反向转动
  Serial.println("less"); // 串口打印 less
  temlast = tem; // 更新上一次测量的温度
 }
 delay(500); // 延时 500ms
}
```

连接计算机，将代码烧写到 Arduino Uno 中，打开串口监视器，根据屏幕上显示的温度数值（见图 19.10）来调整回形针

```
COM6 (Arduino/Genuino Uno)
Tempeature:33
Tempeature:33
Tempeature:33
Tempeature:33
Tempeature:33
Tempeature:33
Tempeature:33
Tempeature:33
Tempeature:33
Tempeature:33
Tempeature:33
Tempeature:33
Tempeature:33
Tempeature:33
Tempeature:33
☑自动滚屏                没有结束
```

■ 图 19.10 串口监视器中显示的数据

指针的位置以及张紧弹簧的位置（见图 19.11）。调整好之后，一件富有科技感与艺术感的温度计就做成了（见图 19.12）。

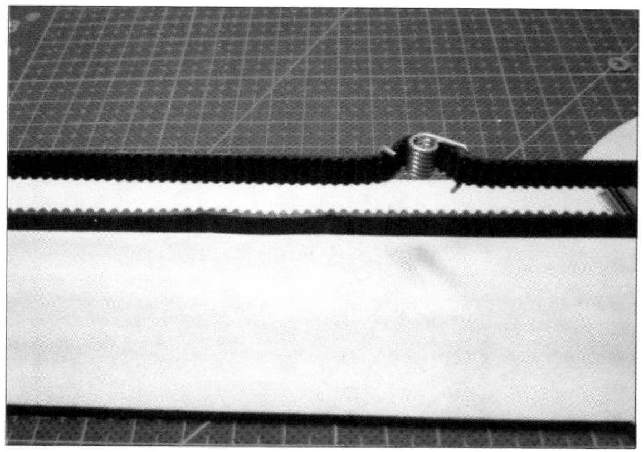

■ 图 19.11 张紧弹簧

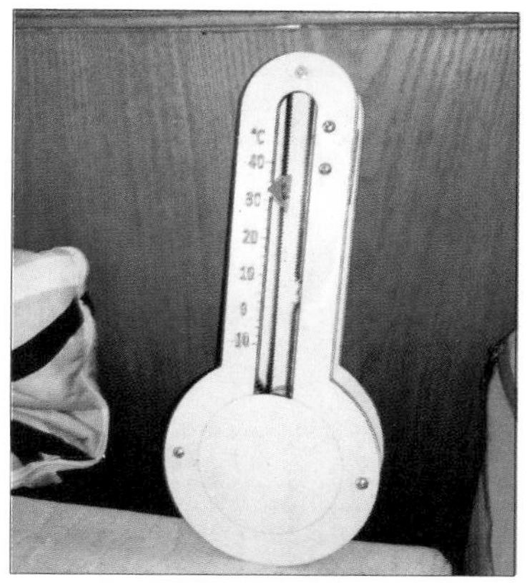

■ 图 19.12 制作完成的温度计

20 用 ESP8266 制作空气质量监测站

◇ 郁欣盛

女朋友的寝室刚刚翻新好，味道很大，同学们都说，甲醛肯定超标。没数据就没有发言权，我来制作一个空气质量监测站测一测甲醛含量到底有多少。制作所需的材料见表 20.1。

外壳大家可以随意选用，我是用 3D 打印机打印的。

空气质量传感器是从淘宝买的是现成模组，是炜盛 ZPHS01。这个模块是直接用串口输出数据的，具体数据格式在手册上也说得很清楚，可以参考我的程序来移植。

液晶屏我用的是 LCD2004，刚好可以显示所有数据。如果你手头只有 LCD1602 也可以用，就是要自己修改一下显示界面，然后定期翻页。建议用 I²C 接口的液晶屏，淘宝上有卖原生带 I²C 接口的，但是价格很贵，买用转接板转接出 I²C 接口的就行，转接板（见图 20.1）只要四五块钱一个。I²C 接口的好处就是连线数量少，用起来非常舒服。如果不用 Arduino，直接用 ESP8266 作主控，就算用 4bit 数据模式，I/O 口也会不太够用。

传感器模组接口是 6pin 的 XH2.54 插座，我刚好有做 XH2.54 插头的全套家

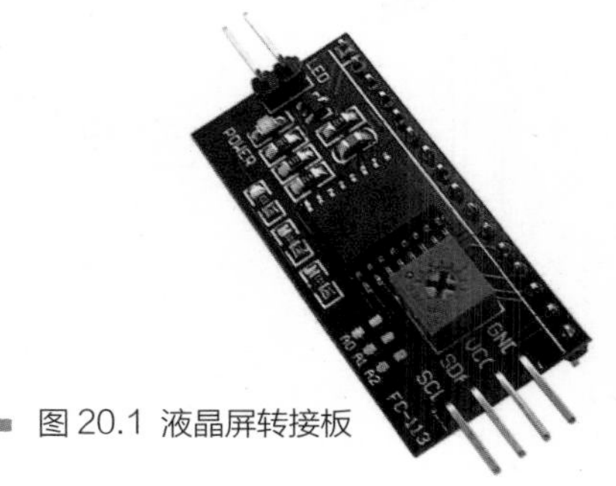

■ 图 20.1 液晶屏转接板

表 20.1 制作所需的材料

外壳（3D 打印）
空气质量传感器模组
ESP8266
LCD2004 液晶屏（I²C 接口）
Arduino（可选）
杜邦线若干
XH2.54 接头制作套件（包括插头塑壳、簧片、冷压钳）
五金件（螺丝、螺母、铜柱）若干

伙，所以直接剪了两根杜邦线，然后做成XH2.54 插头。没条件的小伙伴，就直接买做好的线吧。好像淘宝上这样的线很少，要定制。其实可以直接买 6Pin XH2.54 插头的线，然后自己搞几根杜邦线剪开接上。

20.1 1.0 版

1.0 版空气质量监测站的连接挺简单的（见图 20.2）。这一版用 Arduino 作主控，Arduino 用两个串口分别和 ESP8266、传感器模组通信。正好我手头有块 MEGA2560 就用上了，用 UNO 或者 Nano 也行，搞个软串口就是了。Arduino 的 I^2C 接口接液晶屏。

我的 ESP8266 固件本来是 NodeMCU，不过 DF 在 Github 上公布了 OBLOQ 的固件映像，刷了 bin 文件之后，ESP8266 成功变身 OBLOQ。当然，已经有 OBLOQ 的小伙伴就不用费事刷固件了。

■ 图 20.2 1.0 版空气质量监测站的硬件连接

20.2 2.0 版

做完 1.0 版以后，我在想，放着 ESP8266 这么强的处理器不用，还搞个 Arduino 也有点浪费，于是就做了一番改进，如图 20.3 所示，是不是简单了很多？其实电路原理很简单，5V 电源分为 3 路，一路接到 ESP8266 的 VIN，一路接到传感器模组，一路接到液晶屏。此处要注意，ESP8266 是 3.3V 的，接 5V 会烧，所以一定要接到板卡的 VIN 引脚上，让 5V 通过板载的线性稳压器降到 3.3V 再供给芯片。然后就是传感器模组接串口，液晶屏接 I^2C 接口。

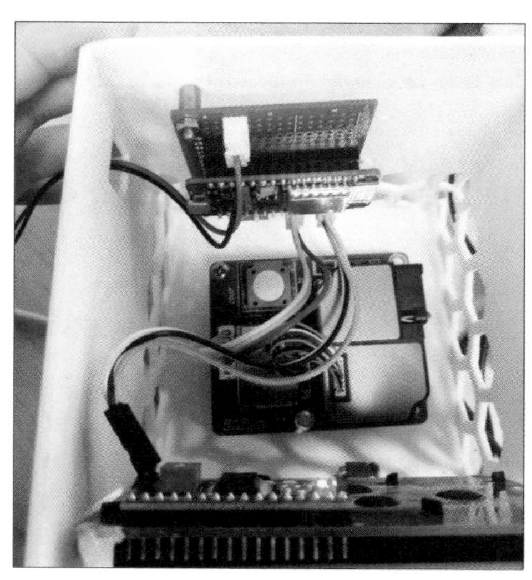

■ 图 20.3 2.0 版空气质量监测站的硬件连接

这里说明一下，ESP8266 有线烧写代码也是通过串口，会和传感器模组冲突，所以我做了一个拨码开关，在烧程序时断开串口和串口模组的连接（见图 20.4）。我只有 8 位拨码开关，只能硬着头皮用了。拨码开关上还接了一个 I/O 口，可以用来启动 OTA 功能（无线烧写程序）。当程序侦测到这个 I/O 口为低电平（即拨码开关打开）时，就会启动 OTA 服务器。平时是关闭 OTA

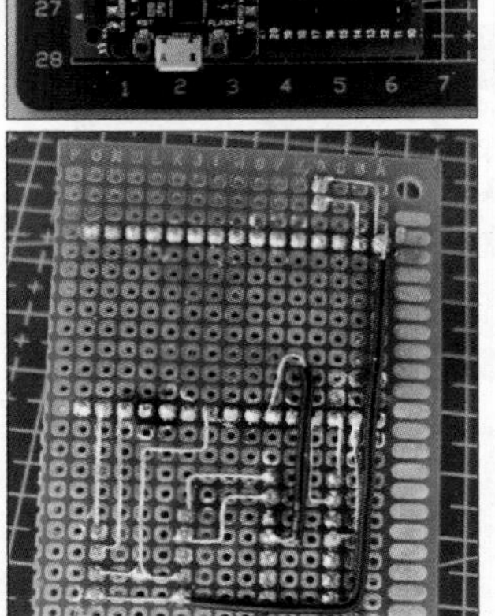

■ 图 20.4 用拨码开关控制串口与串口模组的连接

■ 图 20.5 制作完成的空气质量监测站

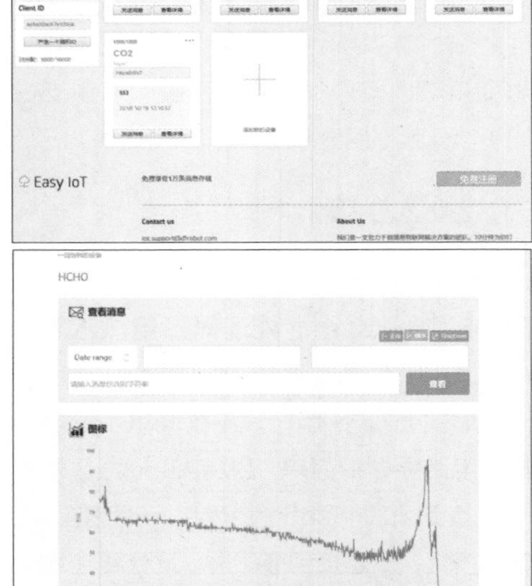

■ 图 20.6 EasyIoT 平台

服务器的，一方面防止恶意烧写，另一方面也可以降低功耗。如果用 Arduino 作主控，就没有 OTA 功能。

简略说一下 OTA 烧写法。拉低对应 I/O 口的电平（就是打开拨码开关），然后复位 ESP8266 板卡，确保你的计算机和它连接了同一 Wi-Fi 热点。打开浏览器，输入液晶屏提示的网址，把编译出来的 bin 文件通过网页上传上去。等板卡自动重启以后，关掉拨码开关，复位板卡，就烧写完成了。

制作完成并安装外壳的空气质量监测站如图 20.5 所示。

ESP8266 的代码是用 Arduino IDE 开发的，具体的代码请从本书下载平台（见目录）下载，经测试，非常稳健。

云平台就是 DF 的 EasyIoT，真的很好用（见图 20.6）。你只需要在 iot.h 或者 network.cpp 里面自己修改几个地方就可以了：自家 Wi-Fi 热点的 SSID 和密码、云平台上的账号和密码、用来发布消息的 topic。

21 常用语盒子 PHRASE BOX

◇ 王立

上次做别的制作，UV 胶没用完，本着节约的原则（其实是强迫症所致——想清理这种快用完了的物料所占用的大脑缓存），我就想用剩下的胶做一个小玩意儿。大家是不是在某些特殊的情况下不愿意说话？我手里刚好有一块 DFRobot 出的 UART MP3 语音模块，于是就想到了制作一个很奇特的小玩意——常用语盒子。在那些“谜之处境”下，这个小盒子的作用就要彰显了。按下按钮，盒子会替你说话。制作所需的材料如图 21.1 和表 21.1 所示。

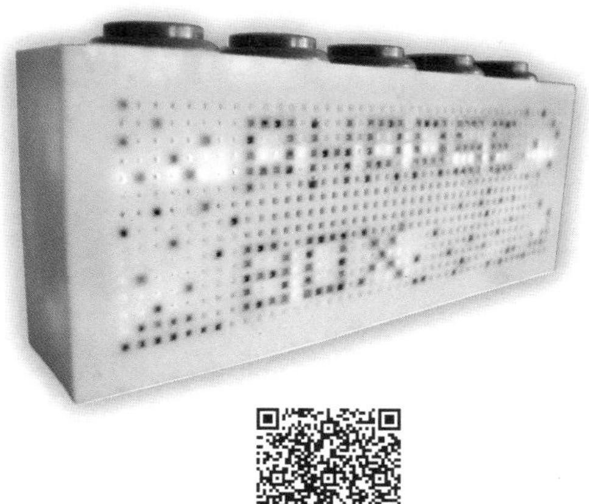

演示视频

■ 图 21.1 制作所需的材料

表 21.1 制作所需的材料

材料
① Gravity: UART MP3 语音模块
② 无源小扬声器
③ Arduino Uno 及扩展板
④ 7.4V 锂电池
⑤ 万用板（用起来真的很上瘾，停不下来）
⑥ 白色 LED 若干
⑦ 几个按钮
⑧ 3D 打印的外壳

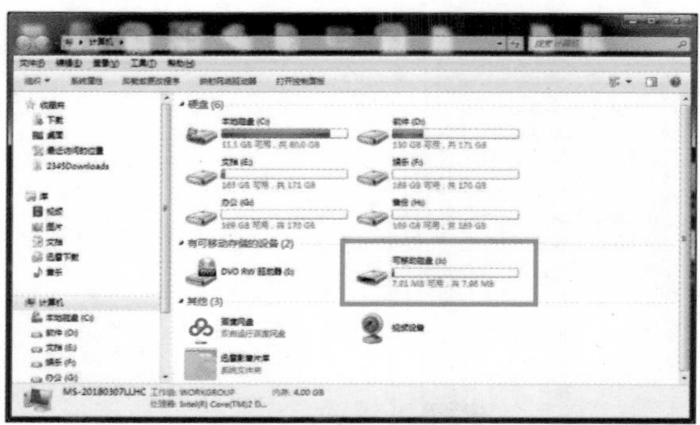

■ 图21.2 UART MP3 语音模块

■ 图21.3 MP3 语音模块显示为一个U 盘

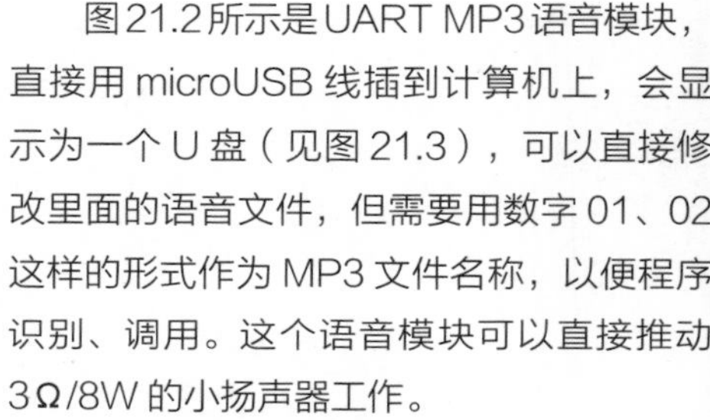

图21.2所示是UART MP3语音模块，直接用 microUSB 线插到计算机上，会显示为一个 U 盘（见图 21.3），可以直接修改里面的语音文件，但需要用数字 01、02这样的形式作为 MP3 文件名称，以便程序识别、调用。这个语音模块可以直接推动3Ω/8W 的小扬声器工作。

按钮用的是街机按钮，如图 21.4 所示。

■ 图 21.4 街机按钮

我 3D 打印了一个洞洞外壳，然后在上面用浅绿色和深绿色涂料写上“PHRASE BOX”，再弄上一些分散的点作为点缀（我做的是沙子堆积的效果），使画面看上去比较丰满（见图 21.5）。

目前阶段，限于自己各方面的能力，我特别喜欢用 LED 作装饰，于是在壳体内部也加上了 LED（见图 21.6）。

■ 图 21.5 3D 打印的洞洞外壳

■ 图 21.6 在壳体内部加上 LED

硬件连接很简单，按照 MP3 语音模块资料里的电路图连接（见图 21.7），使用锂电池供电即可。

由于常用语盒子的功能只是按按钮播放对应的常用语，程序也很简单，直接复制资料库里的程序，修改一下，就编写完成了。

把东西都塞进壳体内，整个制作就完工了（见图 21.8）。

设想有那么一天，我的同事问我今天中午吃什么，我看他一眼，然后缓缓坐直身子，按下绿色的按钮，盒子发出一句“给我闭嘴”。那一定是我按错了按钮了。

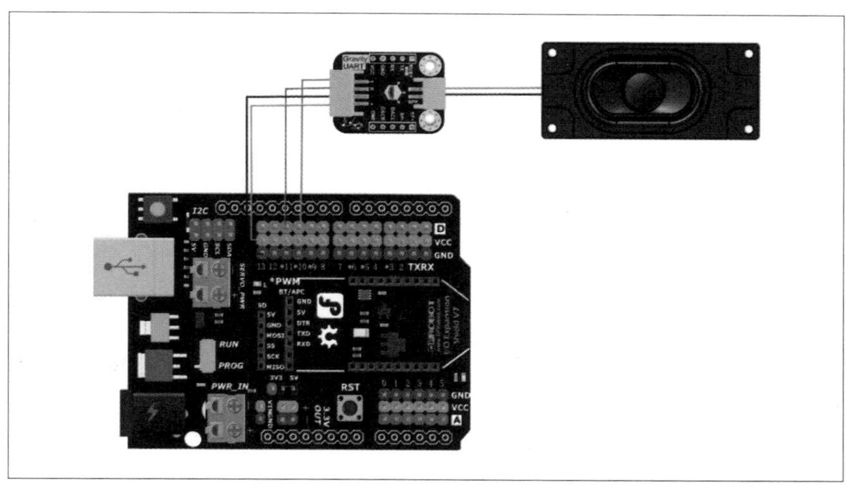

■ 图 21.7 MP3 语音模块连接方法

■ 图 21.8 制作完成的常用语盒子

22 DIY写字机——好孩子不要用它代替自己写作业哦

◇ 马东敏

如果我能选择带一件东西回到过去，那么一定会选择把“它”带回到我小学三年级的暑假。因为，在那个暑假，我做了一件至今想来都不可思议以至于幸运地保留在我为数不多的小时候记忆中的事情——被罚抄整本《新华字典》。可惜我记得住事，记不住人，保留了检查一遍错别字的习惯，但就是想不起来是谁罚的。我们那个年代的人都实在，我也不例外，缺心眼没有缺斤少两地在开学那天老老实实地向老师递上一本完整的手抄版《新华字典》，那时候还调皮地写上了“马某某著”。还好这件事不是发生在我上中学那会儿，要不然被罚抄的就不是《新华字典》这个级别了……

也许你会认为，我指的“它”不就是台打印机嘛。想想，这打印的和手写的东西，

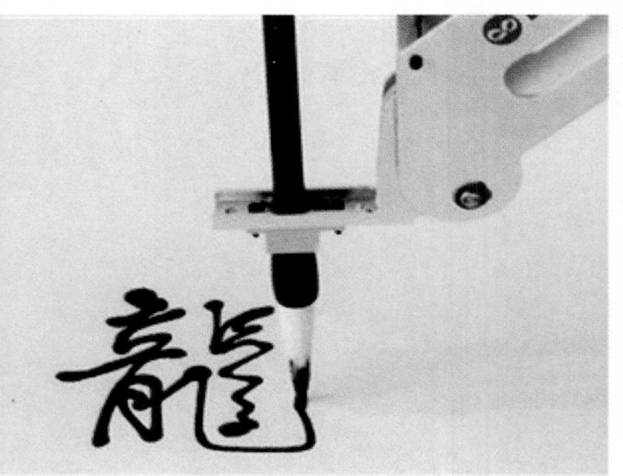

■ 图22.1《神笔马良》小人书

光从油墨在纸上留下的痕迹上就能轻易区分。我得弄台能够拿笔写字的机器。这个想法在我被罚抄《新华字典》的那个暑假里，每天会在我脑海中出现至少10次，可是，那个年代，我能够做的就是抄累了就拿起那本小人书看看，幻想一下自己成为书中主角，也能够给当时的心情一些慰藉。那本小人书叫《神笔马良》（见图22.1）。

一转眼20多年过去了，我们经历了经常使用的文字从“笔下”到“印制”再到“无纸化”的过程，但潜意识里一直有着“手写至上”这么一个情结。不管是速记、做账还是写简历、写文章，我都还是习惯手写。也许你会觉得我是那种具备写得一手漂亮字的

活儿舍不得丢，因为时不时还得拿出来显摆的人。错了，尽管我从小到大已经写过记不清数的字帖，但哥们儿确实没这天赋。我不得不说，有一次我对着一个学生写的我的名字看了很久，因为我发现，他竟然比我写得好……看来，做一台写字机很有必要。

我先在网上查了查，幸运的是，已经有很多“绘图仪”的例子可以参考了。其实雕刻机、3D 打印机，原理大同小异，把一个平面上 *x* 轴、*y* 轴在时间轴上的坐标变化形成的轨迹实体化，加上落笔、抬笔的动作幅度，就形成了写字、绘图的效果。如果再加上 *z* 轴，也就是与平面垂直的那条轴上的动作，就能产生立体形状了，这也就是 3D 打印机的基本工作原理。如果你没有接触过这类项目，我建议你先记住一个词——G-Code，这些形成工作流程轨迹的坐标流，就是等会儿要说的 G-Code 的一部分。

22.1 固件部分

我用大名鼎鼎的、支持 Arduino 的 GRBL 项目做支撑，利用该项目制作的雕刻机功能专业、强大，但是新版（1.1 版）只支持 *z* 轴使用步进电机做雕刻部分。不支持舵机。因为抬笔、落笔动作要干脆利落，所以如果只是做绘图仪，我建议选择舵机。我使用旧的 0.9 版固件。固件的安装方法是：直接在 Arduino IDE 菜单里面单击项目→加载库→添加一个 ZIP 库→选择下载包添加，然后回到菜单，单击文件→示例→ MIGRBL → grblUpload，上传到 Arduino 里即可。我能力有限，不能仔细解释代码，大致上就是完成读取 G-Code 并转化成动作的功能。这套代码基本适用于 Arduino 常用的版本，我建议就用 UNO 吧，另外还需要一个专用的 CNC 扩展板（见图 22.2）以及两块 A4988 步进电机驱动板。连接方法如图 22.3 所示。

图 22.3 所示的 Arduino+CNC 扩展板连接方法有两点需要说明：（1）我使用的是两相四线的 35 步进电机，大家在买电机时要问清楚电机的参数，步距角（一个脉冲的角度变化，我的是 0.9°）、工作电压以及线序（A+、A-、B+、B- 对应的颜色）；（2）扩展板上每个 A4988 下面需要用 3 个跳线帽决定细分数，3 个都接上。另外旁边 4 个针脚顺序是 B+、A+、B-、A-。它们就是接步进电机的位置，接错了，电机不动且有“咔咔”声；接对了，电机动，也会产生不

图 22.2 Arduino+CNC 扩展板

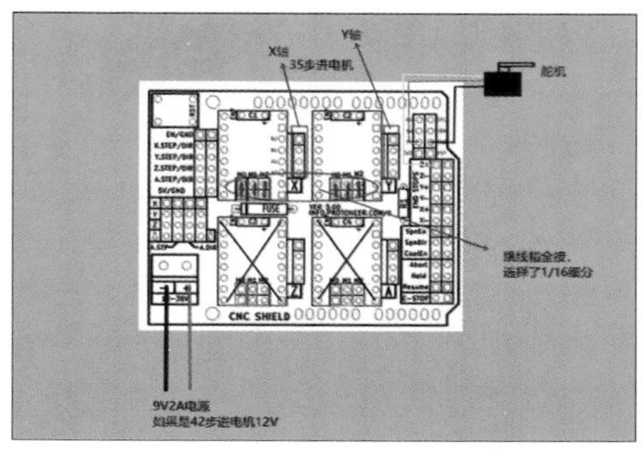

图 22.3 接线图

同的声音，这是正常的。如果工作时声音很大且电机发热严重，就要适当调节 A4988 上的旋钮（逆时针）。

22.2 机架结构部分

我有个舍不得扔“破烂”的习惯，质量较好包装盒、坏掉的电器、某个造型奇特的零件，都在我的收集范畴。如果你在遇到“材料瓶颈”时突然发现你以前收集的某个零件正好能用到“瓶颈”处，那感觉真的是很棒的。我想大多数创客朋友们应该也都有这么一个给我们灵感的“破烂”箱，我没有买网上一些打包好的型材套件，最开始的第一版写字机也不是我现在发出来的样子，而是用钓鱼线、塑料滑轮、自行车辐条等组成运动部分，用废弃的洞洞板、覆铜板等做成机架，但由于技术有限，稳定性和精度稍差，这里就不放出来了。后来我还是买了一些丝杆、滑轨等，其他机架组成部分就用了乐高积木。我把主要部件以及其作用和安装过程中的要点介绍一下，请大家充分体会制作乐趣。

写字机的运动原理如图 22.4 所示，主要部件如图 22.5 和表 22.1所示，大致结构如图 22.6 所示，装配出的实物如图 22.7所示。

表 22.1　主要材料

立式、卧式丝杆、滑台各一套
步进电机 ×2
电机支架 ×2
舵机 ×1
Arduino Uno 主控板 ×1
CNC 扩展板 ×1
A4988 电机驱动模块 ×2
9V 电源

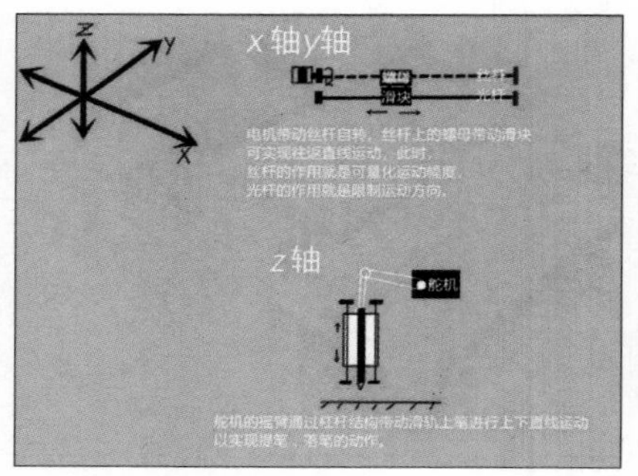

图 22.4 运动原理

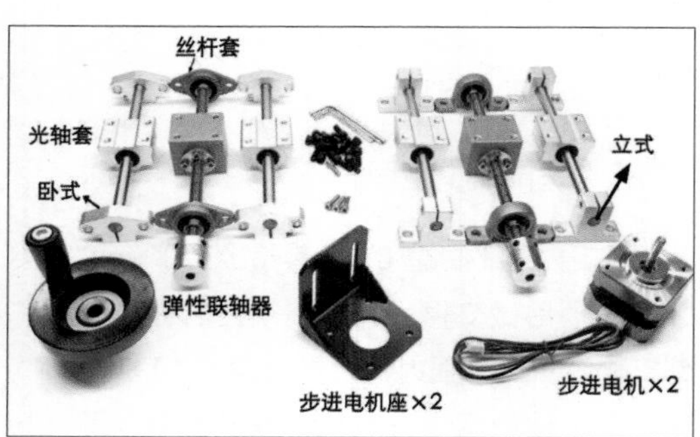

图 22.5 主要部件

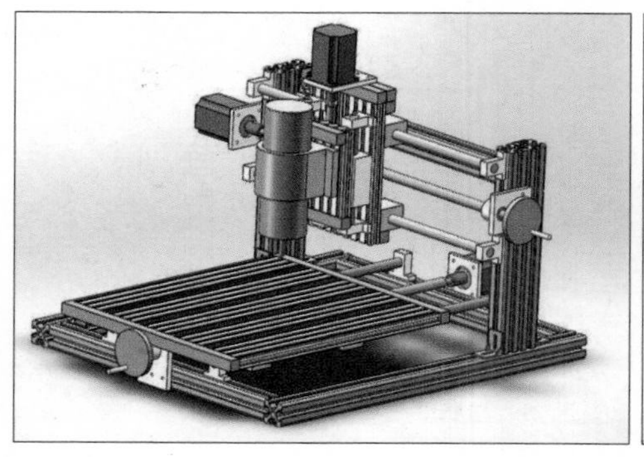

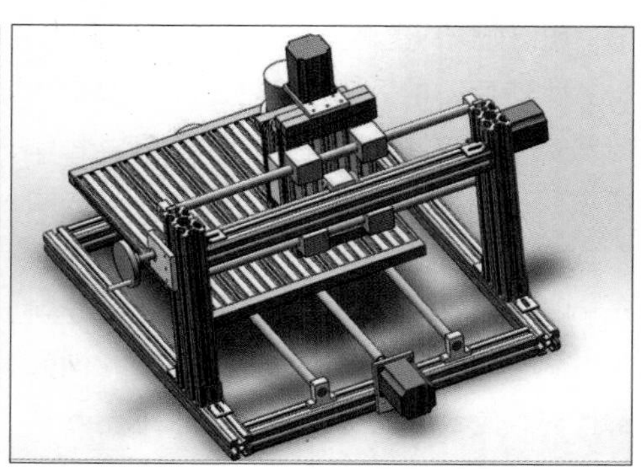

图 22.6 写字机的大致结构

图 22.7 装配中的写字机

22.3 G-Code Controller 部分

搭建好写字机、接好线后，大家一定想看看运行效果，我们就先看看 G-Code Sender 部分（通用 G 代码平台，简称为 UGS）。解压 UGS 到任意文件夹，运行 bin 文件夹里面的 ugsplatform64.exe（见图 22.8，32 位系统运行上面那个文件）。

UGS 的界面 UGS 的界面如图 22.9 所示。插上线，选好端口，单击“打开”按钮（图 22.9 中①处），如果没问题，右侧控制台（图 22.9 中②处）就会出来一大堆字母、数字，这些就是固件的参数。当然，这个参数是别

› ugsplatform › bin

名称	修改日期	类型	大小
ugsplatform	2018/5/8 7:35	文件	5 KB
ugsplatform.exe	2018/5/8 7:35	应用程序	377 KB
ugsplatform64.exe	2018/5/8 7:35	应用程序	1,361 KB

图 22.8 运行 UGS

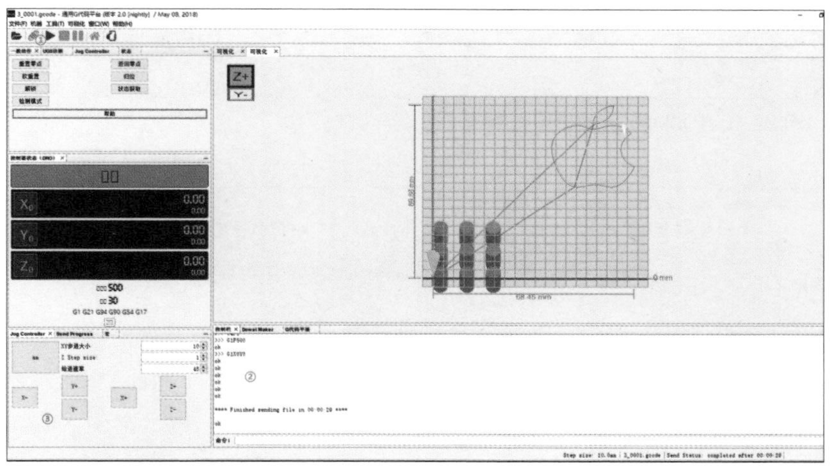

图 22.9 UGS 的界面

人机器的，不一定适合你，至于调参先放一放，我们先看看控制情况。左下有一些箭头(图 22.9 中③处)，上、下、左、右随便单击一个，如果机器动了，说明前面的工作大致上没问题。

22.4 G-Code Maker 部分

通过前面的介绍，我们发现所有的环节都是围绕 G-Code 一环扣一环的，有了执行 G-Code 的机器，还有了通过计算机发送 G-Code 的上位机，最后还需要一个能够把我们需要画出来的图片、写出来的文字转化成 G-Code 的软件——Inkscape。

首先正常安装好 Inkscape，然后我们还要给它装一个插件。解压 MI Inkscape Extension.zip 到 Inkscape 的安装文件夹下的 share\extensions 文件夹内。

单击“路径”→“提取位图轮廓”，如图 22.10 所示。然后单击“扩展”→“MI GRBL Z AXIS Servo Controller”→“MI GRBL Z AXIS Servo Controller”，如图 22.11 所示。

22.5 调试部分

至于比例方面，就需要调节参数。毕

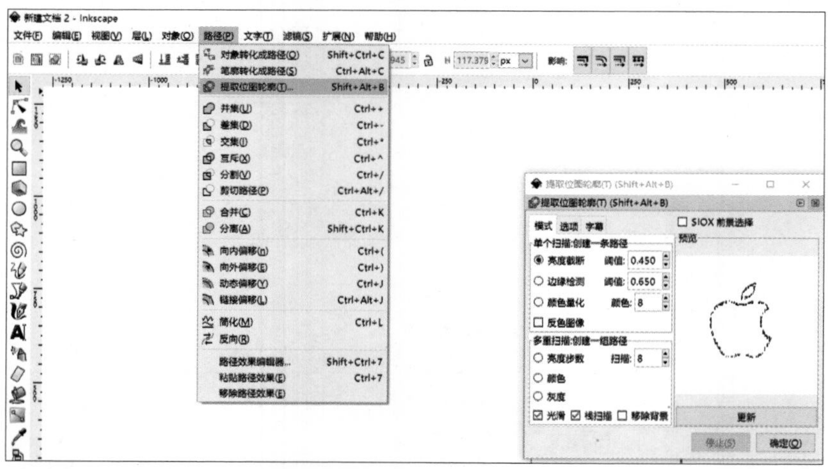

■ 图 22.10 用 Inkscape 提取位图轮廓

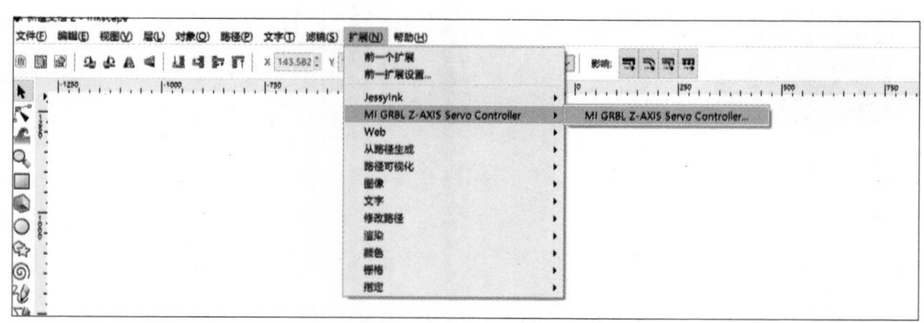

■ 图 22.11 使用 MI GRBL Z AXIS Servo Controller 插件

竟前文说了固件的参数是别人的，机器的写、画范围以及电机的不同，都会导致你的字、画和实际的大小出现差异。怎么调试呢？我们可以先测试自己的写字机的 *x* 轴、*y* 轴的行程范围来确定最大工作区域，连上 UGS，用方向键 X、Y 把笔调节到极限位置，这个点就可以视为起点，接下来把笔手动压下，以刚能够点到纸上留下印迹为准。接下来，单击 X+ 到最大行程位置，再单击 Y+ 到最大行程位置，完成后，拿尺子量一下两条线段的长度，这两个长度就是 *x*、*y* 两轴实际的最大行程了。单击软件界面的“设置”→“固件设置”，拉到最下，改掉倒数第三行（*x* 轴最大行程）、倒数第二行（*y* 轴最大行程）两个参数，输入数字后按回车确认，然后单击“保存”“关闭”按钮（见图 22.12）。

接下来，我们在 Inkscape 里画一张 10mm×10mm 的正方形，转化成 G-Code，用写字机画出来。用尺子测量画出来的正方形，如果边长小于 10mm，就需要增大 $100、$101（*x* 轴、*y* 轴上每行进 1mm 的脉冲数）两个参数值，大于 10mm 则相反，这时比例应该就正常了。虽然也可以通过公式计算，但是这样更方便。至于实际出图方向，可以在固件中改动一些数值去实现，也可以用交换步进电机两相线的位置去试。我认为只要比例正确，出图方向其实并不重要。

设置	值	描述
$26	250	Homing switch debounce delay
$27	1.000	Homing switch pull-off dis...
$100	1000.000	X-axis travel resolution
$101	800.000	Y-axis travel resolution
$102	250.000	Z-axis travel resolution
$110	500.000	X-axis maximum rate
$111	500.000	Y-axis maximum rate
$112	500.000	Z-axis maximum rate
$120	30.000	X-axis acceleration
$121	30.000	Y-axis acceleration
$122	30.000	Z-axis acceleration
$130	120.000	X-axis maximum travel
$131	130.000	Y-axis maximum travel
$132	50.000	Z-axis maximum travel

保存　　关闭

■ 图 22.12 固件设置

22.6 扩展

接下来，我会重新做个稍大一点的写字机（标准 A4 尺寸），可能还会加上蓝牙，通过手机 App 发送 G-Code，还想在上面加上限位开关，在 *z* 轴用步进电机，用继电器去控制铣刀电机或是激光发射器……慢慢来吧，如果大家发现文中有错误，欢迎指出。

这些天我发现 *z* 轴工作不太稳定，那块泡沫打磨条经不起折腾，时间长了，间隙就大了，会导致写出来的字存在一些外观上的差异。更换笔极为不便，因为固定笔的打磨条口径是固定的，伸展性几乎可以忽略不计，有时候我想玩玩圆珠笔和铅笔，得需要一个可以调节口径的固定笔的装置。我一直在想办法，还好，找到了一个国外玩家的 3D 打印方案，我用它写了几天，目前还算稳定。

另外，我一直在寻找比较适合这台机器的笔，它要具备耐折腾、出墨顺畅稳定且不会浸染 A4 纸、笔头与纸摩擦小的特点，所以只要我逛超市，看到勾线笔，就都会买回来试，图 22.13 所示是我对它们的评价。最

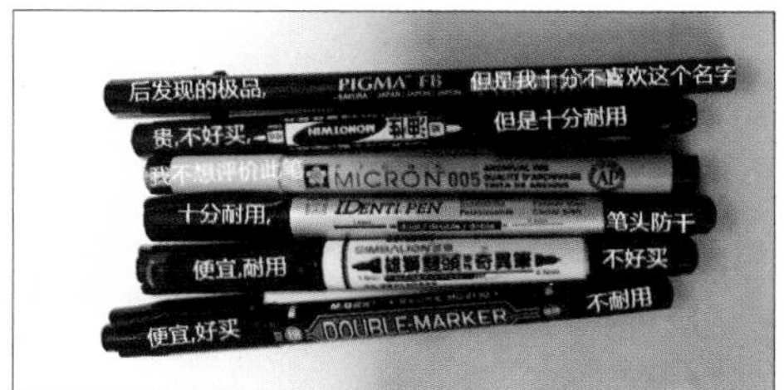

■ 图 22.13 对几种不同笔的评价

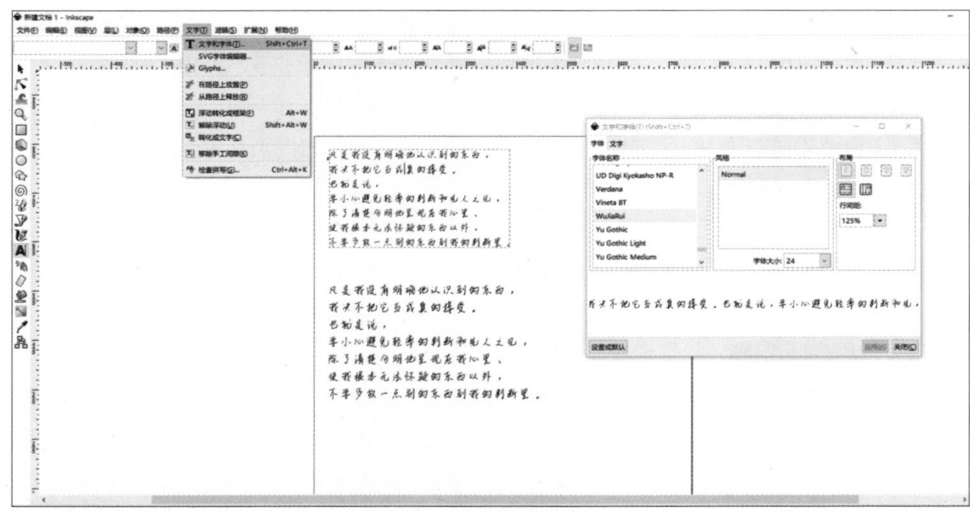

■ 图 22.14 Inkscape 的字体选项

赞的是最右边的一款樱花软头笔，由于头是软的，不会因为左面不平整导致笔头与纸面过度接触而影响写字效果，而且写起手写字体有那么一丝神韵。

在 Inkscape 的字体选项（见图 22.14）中添加汉字的方法同在 Windows 系统中安装字体的方法：将字体文件复制到 fonts 文件夹内即可。

建议字体大小为 24，新版 z 轴与其写字效果如图 22.15 所示。新版 z 轴的 3D 模型文件以及与本文相关的其他程序请从本书下载平台（见目录）下载。

■ 图 22.15 新版 z 轴与其写字效果

23 机器守门员

◇ 饶厂长

2018 年 6 月初，我和俊君为了赶上世界杯的热点，在运营部门的合作下，制作了机器守门员，并在公司内部进行了开放体验活动，让大家过了一把世界杯的瘾。

演示视频

23.1 设计思路

23.1.1 主传感器方案的选定

刚刚决定要做这个守门员时，我基本的算法思路如图 23.1 所示。

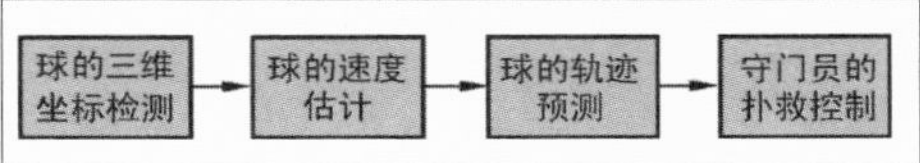

图 23.1 基本的算法思路

第一个环节，获取球的三维坐标，是整个系统最核心、最关键的部分，之后所有的环节都依赖三维坐标作为基本输入。所以，如何获取三维坐标，是系统设计阶段最先要考虑的问题。

在网上搜索“robot goal keeper”“机器守门员”这种关键词，我很快找到了一些视频和解决方案，其中那个挑战梅西的日本视频流传最广。这些方案无一例外，都使用高速双目摄像头进行三维坐标的获取。

像在图 23.2 中，第一眼很难找到摄像头的位置。我猜想摄像头应该摆放在左右顶

图 23.2 其他人制作的机器守门员

棚的位置，以固定的角度拍摄场地，通过双目定位的方式，计算球的三维坐标。双目定位的方案很稳定，受光线影响比较小，且帧数较高（普遍在 90 帧 / 秒以上），能够看清极其快速的射门。但是双目定位的问题在于很依赖场地的搭建。比如图 23.2 中，假如没有搭建外圈的支架场地，摄像头该如何安装呢?

我的第一反应也是使用双目摄像头作为此次方案的视觉采集设备，但是有两个原因让我放弃了。

（1）安装的麻烦：我们开发机器守门员和供应商提供防护网是分开进行的，也就是说，在活动开始前一天，我们的设备才会放到活动场地中进行调试。而我们的测试场地在室内，也不允许我们随意在墙上打眼固定摄像头，所以使用双目定位有很多阻碍。

（2）方案的同质化：这么多方案全都使用了双目定位，如果方案从头到尾都照抄他人的，我们的开发就显得毫无价值了，还不如买一台来做活动，还“多快好省”。因此，不用双目定位也是对我们自己的挑战。

那么不用双目定位真的就没办法获取三维定位信息么？其实不然，方法还有很多。其中有一个比较适合我们这个场景的，就是 RGBD 相机。

如图 23.3 所示，我们的方案是将 RGBD 相机固定在球门正上方。这应该是第一次有人用这个方案制作机器人门将。这个方案的优势和缺陷同样明显，下面我来详细介绍一下。

从事机器人行业的朋友应该比较熟悉 RGBD 相机。RGBD 相机有个特别日常生活化的使用场景，就是体感游戏机。玩过 Xbox 360 的朋友们是否还记得有个体感控制器叫作 Kinect？有了 Kinect，就可以在家和朋友一起打网球、做运动、切水果等。这个 Kinect 就是 RGBD 相机。

■ 图 23.3 RGBD 相机

那为什么不叫体感摄像头，叫 RGBD 相机？这就和它的成像原理有关系了。稍微了解一些相机成像原理的朋友就会知道，数码相机拍摄的照片中的每个像素都有 RGB 三个分量，分别是红色、绿色、蓝色的强度，这三原色可以合成各种不同的颜色。数码照片的数据中，每个像素都包含 RGB 三个通道的分量。所谓 RGBD 相机，就是除了 RGB 三个分量，还有深度（D）这一项信息，也就是每个像素点到成像空间的物理距离。

图 23.4 就是 RGBD 相机拍摄出来的图像。左图是深度图（D），右图是普通的 RGB 图像。根据深度图的深度信息和 RGB 图像，我们就可以获取可视范围内所有点的颜色和空间位置了。

■ 图 23.4 RGBD 相机拍摄出来的图像

如果你没明白这两段，没关系，只需要知道 RGBD 相机能感知物体的空间信息就好了。

这样的 RGBD 方案有什么优缺点？对比双目定位方案来说，其缺点有以下两点。

（1）帧率低：目前最新的 RealSense 相机（RGBD 相机的一种）只能达到 60 帧 / 秒的帧率，速度极快的球有可能看不清，影响计算和扑救。

（2）受光线影响较大：RGBD 相机的深度信息目前还是主要依赖主动投射的方式获取的，因此如果暴露在自然强光下，效果会变差甚至失灵。如果光线太弱也会影响，对光线的顽健性比双目定位较差。

当然，它的优点也很明显。

（1）安装调试极其方便：只需将相机安装在门框上，标定出一个俯视角度即可使用。而双目定位需要分别标定两个摄像头的外参，在经常换场地的情况下非常麻烦。

（2）三维计算容易：有了 RGBD 信息，计算球的位置的算法相对双目定位运算量更小，更简单。

最终，我们选用了 intel 的 RGBD 相机 RealSense D415。于是，带着优点与缺点，与广大方案不同的新方案也诞生了。

23.1.2 结构的设计

软件的设计，就像球场上的战术制定、穿插跑位、节奏调度。软件让整个系统有机、顺畅地运转起来。硬件的设计，就像每个队员的身体训练：力量、速度、耐力、爆发。硬件让球员有了执行战术的基础。这个机器守门员也一样，有软件设计和硬件设计两部分内容。而且硬件应该先于软件设计完成，才能给软件算法提供基本的测试环境和条件。

硬件设计不像软件，可以快速迭代重构，硬件的修改周期较长，这就决定了硬件设计需要慎重，要深思熟虑，充分考虑需求。设计不能过度，远超实际需求会提高成本；设计也不能不够，达不到指标或刚好卡在指标处，就会给软件留下噩梦般的调试体验。

一句话，合理制定需求，设计上给需求留一定裕量。

所以，需求到底是什么？我们得把“机器守门员”这样一句抽象的语言，变成非常具体的设计指标，才能变成我们的需求，作为设计的输入。我们可以从以下 4 个方面去考虑。

（1）球门的大小：有人会觉得奇怪，球门的大小为什么会成为障碍？一开始我也没 get 到，直到发现了问题才为时晚矣。球门越大，意味着守门员越高，转动惯量越大，重力下坠力臂越大，对电机的功率要求越大。本次使用的球门尺寸为 3m × 2m，就是宽为 3m，高 2m，守门员的高度也就是 1.95m 左右。

（2）可防的球速：我们的感知系统最远能感知的距离也就是 7~8m。普通人的球速大概可以达到 72km/h，也就是 20m/s，在 7~8m 的距离射门，球的飞行时间在 0.35~0.4s。那么我们为了能够防守住普通人的射门，从球飞起开始算起，0.35s 之内守门员必须扑救到位。0.35s 包含了感知和预测落点的时间和扑救动作的执行时间，如果给两边各留一半时间的话，那么扑救时间就是 0.175s。这就是一个设计输入了。因此在电机和减速机的选择上，有了这一数值作为参考需求。

（3）成本控制：不考虑成本的话，很多指标都可以达到。比如说用巨大功率的电机啦，使用一体化设计啦，使用定制舵机啦，都是非常耗费成本的方案，因此电机使用、结构设计都得经济实用才行。

（4）可搬运性：这是成本之外最麻烦的一点了，由于设备放在调试间开发，活动时要拿出去放在活动场所供使用，使用完毕还要再拉回来，这就要求设计上得考虑容易拆装，得模块化，不然搬运起来头疼。

■ 图 23.5 转轴前后各有一个轴承座

如图 23.5 所示，转轴前后各有一个轴承座，能够防止电机轴受力，延长系统的使用寿命。同样，使用箍管的方式，也能够有效减轻守门员的重量，减轻电机的负担。

23.1.3 系统架构

软件系统架构如图 23.6 所示，里面的模块可以分为感知、预测、控制 3 个部分。

23.2 感知

机器人守门员感知这部分工作是由我的队友俊君来完成的。对应系统架构图，感知

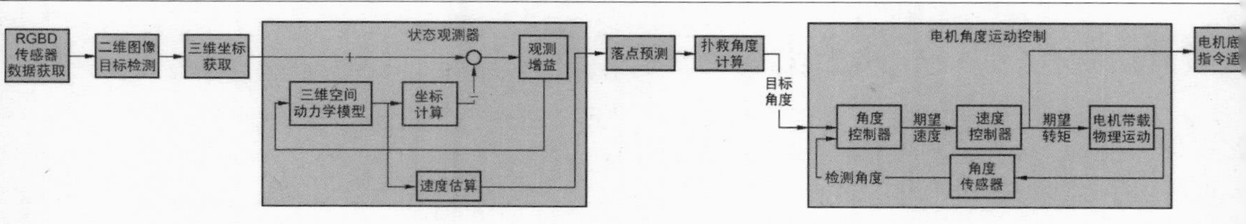

■ 图 23.6 软件系统架构

部分的工作有图 23.7 所示的 3 部分。

（1）RGBD 传感器数据获取：就是通过 intel RealSense 传感器提供的 SDK 源源不断地获取图像，要求尽量快速，减少迟滞。最终我们的更新频率为 50 帧 / 秒。

（2）二维图像目标检测：就是利用传统的计算机视觉方法，以最快的速度在 RGB 图像中找到球的坐标，要求误检率尽可能低，噪声尽可能小，实时性尽可能高。最终我们整个控制周期为 20ms。

（3）三维坐标获取：就是利用深度信息和球在RGB图上的像素坐标，反求出球在三维世界中指定坐标系下的三维坐标，这就是感知系统的最终输出了。

演示视频：获取球的三维坐标

23.2.1 获取传感器数据

俊君非常给力，在短短的一天内就布置完成了 intel 提供的 SDK 以及 OpenCV 的开发环境，很快就能够获取深度图并用 OpenCV 进行基本的显示处理了。

这部分不深入介绍了，因为具体的过程我没有参与。

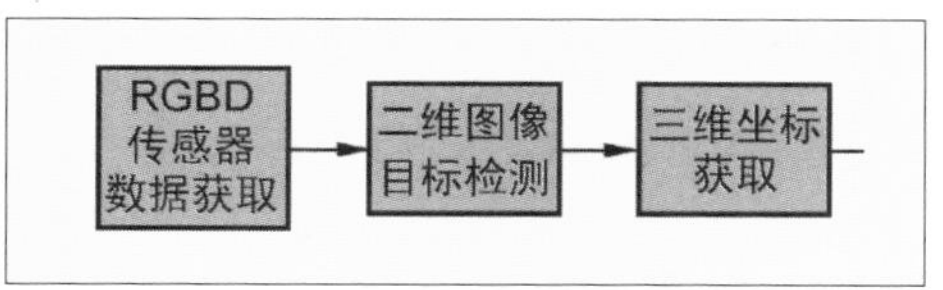

图 23.7 感知部分的工作

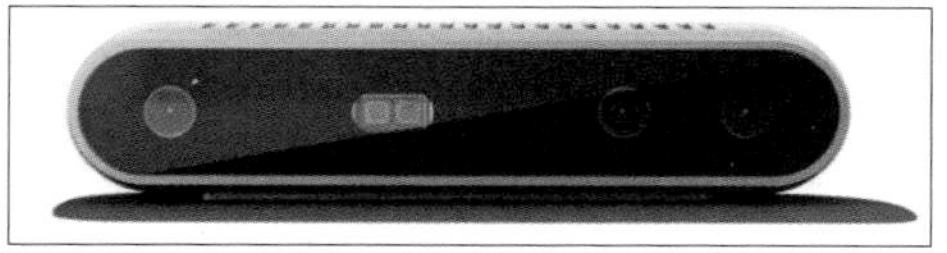
图 23.8 RealSense D415

RealSense D415（见图 23.8）的 RGB 图像输出最高支持 60 帧 / 秒，但是并不稳定，常常在 58~62 帧 / 秒区间内振荡。为了获取等间距稳定的图像流，我们决定降低帧数。这部分俊君做了很多工程上的处理，在这里不讨论。

23.2.2 在 RGB 图像中寻找球的坐标

演示视频：标记出足球

由于能解决这个问题的方法非常多，因此如何选取最合适的方法就是一个技巧性很强的问题。根据我们的要求，要尽可能稳定，还要尽可能快速，俊君抛弃了什么模版匹配、运动检测等各种高级方法，使用了最简单、最基础的颜色空间加形状的办法。我们用的足球的颜色是橘黄色，在数字图像中用颜色向量非常容易提取出来，加上判断物色块形状，能滤去很多颜色相近的物体。最棒的是，这种最简单的方法运算量非常小，可以说是完美解决了这个问题。

如演示视频所示，橙色足球所在位置被打上了蓝色方框，并且在运动中也能追踪到足球的位置。

23.2.3 三维坐标的计算

这是感知部分的一个理论性比较强的问题，牵涉到一些线性代数和空间几何的知识。说是理论性较强，实际上用到的数学原理都非常简单，比较考验空间想象能力，看不懂可以跳过，不影响后面章节的阅读。

三维物体成像到照片上，其实就是三维投影到二维的过程。

设空间中有一点 P，若世界坐标系与相机坐标系重合，则该点在空间中的坐标为 (X,Y,Z)，其中 Z 为该点到相机光心的垂直距离。设该点在像面上的像为点 p，像素坐标为 (x,y)。f 是相机的焦距，Z 就是深度。

由图 23.9 可知，这是一个简单的相似三角形关系，从而得到描述投影的公式。

$$x=\frac{fX}{Z} \quad , y=\frac{fY}{Z}$$

但是，图像的像素坐标系原点在左上角，而上面公式假定原点在图像中心，为了处理这一偏移，设光心在图像上对应的像素坐标为 (c_x,c_y)，则：

$$x=\frac{fX}{Z}+c_x, \quad y=\frac{fY}{Z}+c_y$$

焦距 f、c_x、c_y 都属于相机内参，可以通过标定获取。而 x 和 y 就是球在图像上的坐标，因此通过这个公式，我们就可以求取球在三维空间中的坐标了。

$$Z\begin{bmatrix}x\\y\\1\end{bmatrix}=\begin{bmatrix}f & 0 & c_x\\0 & f & c_y\\0 & 0 & 1\end{bmatrix}\begin{bmatrix}X\\Y\\Z\end{bmatrix}$$

等式右边那个矩阵就是常说的相机内参矩阵。其中 c_x 和 c_y 一般是图像尺寸的 1/2，而 f 可以通过粗略地估计求取。当然最准确的方法还是通过标定获取。

用以上公式计算得到的三维坐标（X,Y,Z）在以相机中心为原点、以相机中轴为 Z 轴的坐标系中，而我们为了计算方便，应该把求取的坐标转换到另一种坐标系中，如图 23.10 所示。

图 23.10 左边的是用以上公式计算得出的坐标所在坐标系，而我们需要将坐标转换到新的坐标系下。可以看出，新坐标系经过了一个俯仰角旋转，以及一个垂直的平移。因此，转换坐标的方法为：世界坐标系与相机坐标系之间的相对旋转为矩阵 R（R 是一个 3 行 3 列的旋转矩阵），相对位移为向量 T（3 行 1 列）。

$$sx=K[RX+T]$$

坐标转换：只需乘上旋转矩阵，加上位移矩阵即可转换坐标系。

在这个场景下，我选择坐标原点为球门正中的地面位置，因此偏移量为摄像头的安装高度。摄像头为俯视 25°，无横滚和偏航角。旋转矩阵为一个俯仰旋转矩阵。

运用这个方法，就可以获取球的三维坐标了。

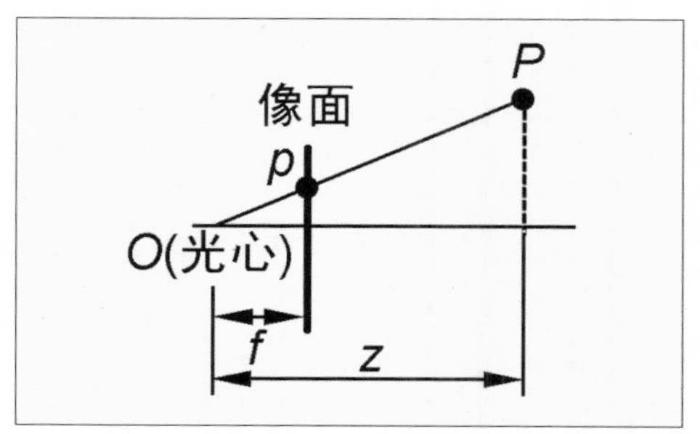

■ 图 23.9 三维物体成像到照片上

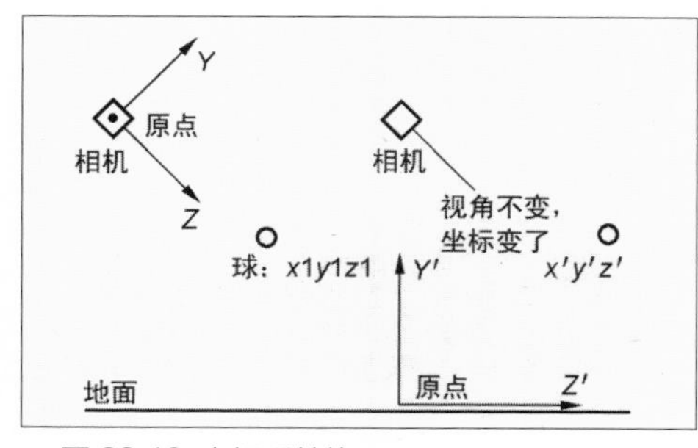

■ 图 23.10 坐标系转换

23.3 速度估计与落点预测

速度估计与落点预测分为图 23.11 所示的 3 部分，分别是状态观测器、落点预测和扑救角度计算。最终达到的效果如图 23.12 所示。

图 23.12 中黑色框中的点为感知到的球的位置，右边的坐标轴为 x 轴，垂直的轴为 y 轴，x、y 轴所构成的平面为球门所在平面。初始时，球静止放在距球门大约 7m 的位置上，由于深度存在噪声，可以看到静止状态下的坐标有些许噪声。几秒钟后，球被踢出，黑色框中的点记录了球在空间中的运动轨迹。在球击出大概 0.15s 后，球门平面上打出了灰色框中的圈圈。这个圈圈就是预测的破门点。

这就是状态估计与预测的作用，输入为三维坐标，输出为破门点的坐标。本章分 3 个内容来进行详细阐述。

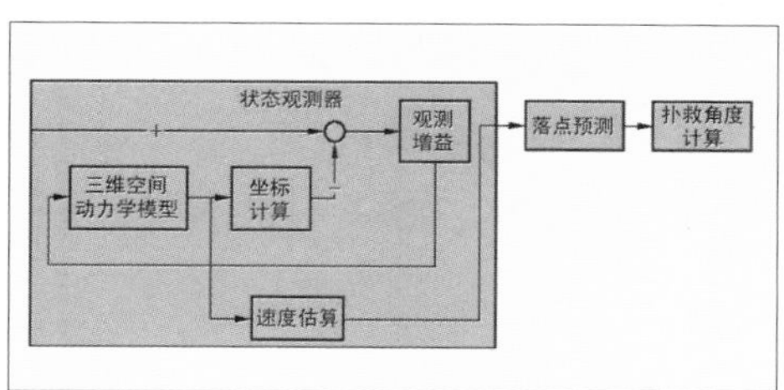

■ 图 23.11 速度估计与落点预测

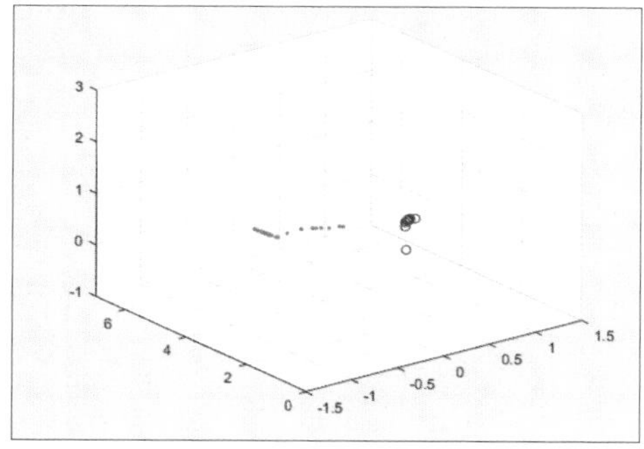

■ 图 23.12 最终效果

（1）状态观测器的设计：状态观测器是什么？为什么需要用状态观测器来估计速度？怎么设计这个状态观测器？

（2）落点预测的方法：怎样通过速度来预测落点？

（3）扑救角度的计算：如何将落点换算为扑救角度？

23.3.1 状态估计

本章内容对于从未接触过自动控制理论或是信息融合、机器人定位相关话题的读者来说有些不友好，可以酌情跳过，无须太过纠结。状态估计的很多方法已经有成熟的库，不了解其原理并不影响使用。

状态估计的需求来源

所谓状态估计，实际上建立在一套严密的系统状态表示方法上，这是一套用于描述多维微分方程的描述体系，在控制里面叫作“状态空间（state space）”，但实际上我们可以用一个比较简单的例子来描述它。

比如问题 1（见图 23.13）：现在有一辆车，运动在一条笔直的线上，假如车辆做的是直线运动（加速、减速不定），我们想要测量车当前的速度，但是目前只能测量车相对道路标志的位移，请问怎么做才能获得速度？

这个问题很好解决，有高中物理知识的

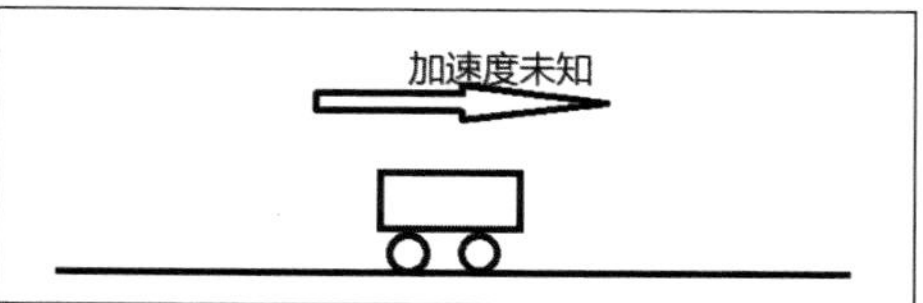

■ 图 23.13 有一辆车，运动在一条笔直的线上，假如车辆做的是直线运动（加速、减速不定）

人就能回答：每隔一段时间 *dt* 测量一次位移 *st*，测量两组数据后就能够得到速度，计算 (*st*+1-*st*)/*dt* 就能够精确地计算出车速了。如果用高等数学的思路来解释，实际上就是直接对测量位移进行微分即可得到实时的车速。

问题 2：把问题 1 再增加一点难度，假如现在我们测量的位移是带有一定噪声的，怎么办？

此时如果用同样的方法计算，得出的速度就会包含比测量位移更大的噪声。 这该如何是好？

假如采样多次，然后取平均值，那么就丢失了在采样过程中变化的速度信息（在过程中加速了或者减速了怎么办），即丢失了高频信号。

这个问题就是一个典型的状态估计问题，在不能直接测量某物理量，而需要通过微分或其他方法对其进行计算的情况下，测量的误差或噪声就变成了一个巨大的问题。而状态估计从另一个角度来解决这个问题。车速的估计这个问题，也是自动驾驶或者机器人定位中非常常见的一个状态估计问题，常常用来解释卡尔曼滤波的工作原理与应用。

实际上，状态估计的思路的核心在于预测 + 反馈修正。首先，用上一次估计的速度去预测现在时刻的位移，然后用预测得到的位移和测量出来的带误差的位移进行减运算，得到的差就经过反馈运算叠加到估计的状态上。由于是反馈，反馈环路是否收敛也需要被证明，观测器的设计中已经包含了如何选取反馈增益来保证观测器收敛的方法。

状态估计的常用方法

状态估计的常用方法比较多，最出名的就是卡尔曼滤波算法，它名震四海，工程实用性也很高。其次就是状态观测器了，状态观测器和卡尔曼滤波的区别在于没有增益自调节的环节，也并没有将测量方差单独量化作为参数，设计出发点也并没有从概率论角度进行考虑。但在大部分观测方差变化不大的系统中，观测器和卡尔曼滤波的效果差异也不大。

不管用什么方法，状态估计的核心还是在于“误差收敛”，也就是说要让系统的输出介于预测和观测之间。区别于直接计算的方法（如直接差分、微分），状态估计的核心在于预测，并且将预测的量和观测的量做出一种“融合”。

状态观测器的好处

状态观测器相较卡尔曼滤波而言，参数较少，可计算，因此参数容易调教，且参数意义较直观，设计上比较简单，对于观测噪声方差变化不大的简单系统非常适用。

而卡尔曼滤波虽然也能达到同样的效果，但参数较观测器略多一些。既然效果相似，那么就用最简单的方法即可。

状态观测器的设计

以上讲了太多抽象的内容，反而容易造成误解和疑惑，下面针对足球运动这个系统设计一个观测器，来看看何为“预测”，何为“观测”。

所谓预测，就是根据上一时刻的所有状态，估计下一时刻的所有状态。什么东西能够描述足球被踢出后的运动，从而能够根据上一时刻预测下一时刻呢？答案是：微分方程组。

先来分析一下，*x*、*y*、*z* 三个方向上各自的运动情况，并且做出一些假设。

（1）x、y、z 三个方向的运动是独立的。

（2）以守门员的视角看，x 方向为左右方向，y 方向为上下方向，z 方向为前后方向。

（3）左右方向的运动，忽略空气阻力，球不受力。

（4）前后方向的运动，忽略空气阻力，球不受力。

（5）上下方向的运动，球受重力，向地面加速。

有了以上几点，一个理想的抛物运动模型就能够建立了。

x 方向：x 方向位移的微分是 x 方向的速度；x 方向速度的微分是 x 方向的加速度，在空中球不受横向的力，因此加速度为 0。

$$\dot{x} = v_x$$
$$\dot{v_x} = 0$$

y 方向：y 方向位移的微分是 y 方向的速度；y 方向速度的微分是 y 方向的加速度，在空中球受垂向地面的重力影响，因此加速度为 -g。

$$\dot{y} = v_y$$
$$\dot{v_y} = -g$$

z 方向：z 方向位移的微分是 z 方向的速度；z 方向速度的微分是 z 方向的加速度，在空中球不受纵向的力，因此加速度为 0。

$$\dot{z} = v_z$$
$$\dot{v_z} = 0$$

将几个式子联立，设：

$$\begin{cases} x = x_1 \\ \dot{x} = x_2 \\ y = x_3 \\ \dot{y} = x_4 \\ z = x_5 \\ \dot{z} = x_6 \end{cases}$$

有：

$$\begin{cases} \dot{x_1} = x_2 \\ \dot{x_2} = 0 \\ \dot{x_3} = x_4 \\ \dot{x_4} = 0 - g \\ \dot{x_5} = x_6 \\ \dot{x_6} = 0 \end{cases}$$

将上式写为矩阵形式：

$$\dot{x} = \begin{bmatrix} 0 & 1 & 0 & 0 & 0 & 0 \\ 0 & 0 & 0 & 0 & 0 & 0 \\ 0 & 0 & 0 & 1 & 0 & 0 \\ 0 & 0 & 0 & 0 & 0 & 0 \\ 0 & 0 & 0 & 0 & 0 & 1 \\ 0 & 0 & 0 & 0 & 0 & 0 \end{bmatrix} x + \begin{bmatrix} 0 \\ 0 \\ 0 \\ -1 \\ 0 \\ 0 \end{bmatrix} g$$

$$y = \begin{bmatrix} 1 & 0 & 0 & 0 & 0 & 0 \\ 0 & 0 & 1 & 0 & 0 & 0 \\ 0 & 0 & 0 & 0 & 1 & 0 \end{bmatrix} x$$

简写为：

$$\dot{x} = Ax + Bu$$
$$y = Cx$$

其中 u 为 9.8。以上就是球在三维空间内被踢出后的简化模型的状态空间形式。利用该式，已知某时刻的所有状态，可以推测下一时刻的状态。我们来测试一下是不是这样（见图 23.14）。

使用 MATLAB 进行一下仿真，脚本如下：

```
A = [0 1 0 0 0 0 ; 0 0 0 0 0 0 ;
0 0 0 1 0 0 ; 0 0 0 0 0 0 ; 0 0
0 0 0 1 ; 0 0 0 0 0 0 ];
```

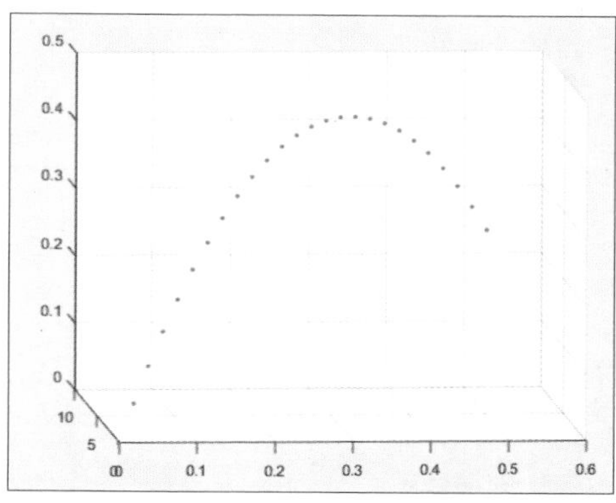

图 23.14 球被踢出后的抛物线

```
B = [0; 0; 0; -1; 0; 0];
C = [1 0 0 0 0 0 ; 0 0 1 0 0 0 ;
0 0 0 0 1 0];
D = [0; 0; 0; 0; 0; 0];
y = lsim(sys,[ones(26,1)*9.8],
[0:0.02:0.5], [0;1;0;3;0;10])
plot3(y(:,1),y(:,3),y(:,2),
'r.')
```

从图 23.14 可以看出，模拟球以速度 [1,3,10] 从位置 [0,0,0] 被踢出，球划过一个抛物线，经过验算，基本上符合物理事实。这个模型将作为接下来用于预测的基础。

有了预测部分，下面就是设计反馈部分了（见图 23.15）。

将估计的状态写为计算式：

$$\begin{aligned}\dot{\tilde{x}} &= A\tilde{x} + Bu + L(y - C\tilde{x}) \\ &= (A - LC)\tilde{x} + Bu + Ly\end{aligned}$$

这个式子中，L 是我们要调节的观测器增益，L 究竟取多大，则是需要计算的。如何计算呢？首先要分析 L 的物理含义。

$$\begin{aligned}\dot{e} &= \dot{x} - \dot{\tilde{x}} \\ &= Ax + Bu - (A - LC)\tilde{x} - Bu - Ly \\ &= Ax - (A - LC)\tilde{x} - LCx \\ &= (A - LC)e\end{aligned}$$

在这个误差分析中，估计的状态与真实值的误差之间是动态关系，而 $A-LC$ 的特征根会决定误差的收敛速度。理论上，L 越大，收敛速度越快，反之收敛速度越慢。但是不是 L 越大越好呢？也不是，在存在噪声的情况下，L 过大也会造成不收敛的情况。

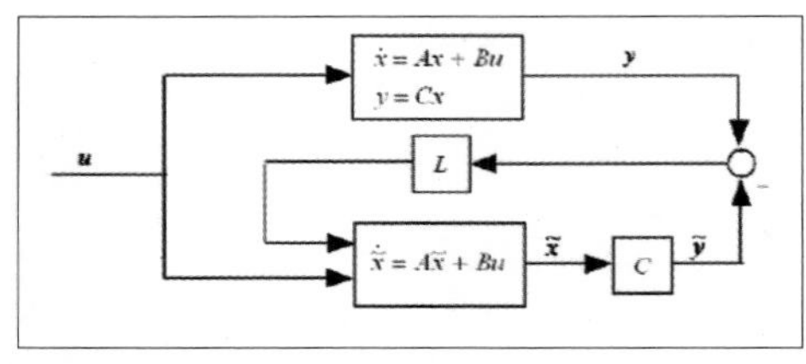

■ 图 23.15 观测器模型

根据需求，我希望该观测器误差能在 100ms 内收敛到较低水平，那么 $A-LC$ 的特征根可以设计在 [−10，−9，−10，−9，−10，−9]，相对应 L 的值就取为：

```
L =19.0000 90.0000 -0.0000
-0.0000 0.0000 0.0000 0.0000
0.0000 19.0000 90.0000 -0.0000
-0.0000 0.0000 0.0000 0.0000
0.0000 19.0000 90.0000
```

此时，预测、反馈观测都已经具备，状态观测器设计完毕，接下来只需编码实现即可。

```
dX = A*X + L'*(measurement - Y);
X = X + dt*dX;
Y = C*X;
```

其中 measurement 就是上一篇传感器测量到的三维坐标 [X,Y, Z]。一组实测数据使用观测器的效果如图 23.16 所示。

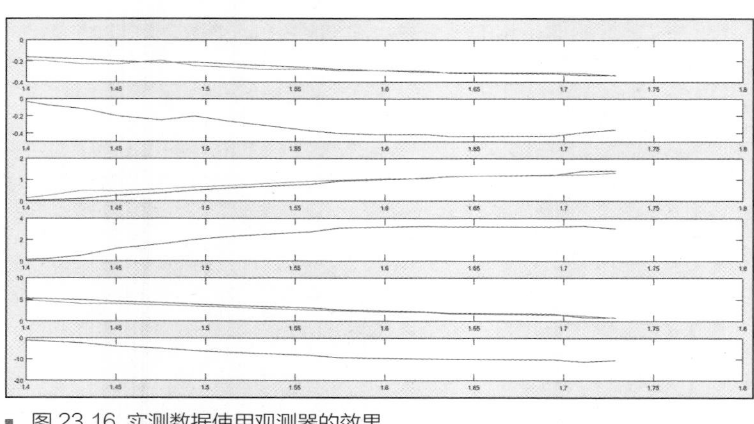

■ 图 23.16 实测数据使用观测器的效果

从上到下分别是 *x1~x6*，可见，速度值在 0.15s 左右收敛到比较接近真实的数值。至此，观测器的设计基本完成了。

23.3.2 落点估计

破门点的估计相对比较简单。利用空间几何计算速度向量与球门所在平面的交点，并估算相交时间。根据自由落体公式和相交时间，计算重力造成的下落距离，以此预测球和球门平面的相交位置。

MATLAB 代码如下：

```
function [ result ] = get_
meetpoint( planevec, planepoint,
linevec, linepoint )
vp1 = planevec(1);
vp2 = planevec(2);
vp3 = planevec(3);
n1 = planepoint(1);
n2 = planepoint(2);
n3 = planepoint(3);
v1 = linevec(1);
v2 = linevec(2);
v3 = linevec(3);
m1 = linepoint(1);
m2 = linepoint(2);
m3 = linepoint(3);
vpt = v1 * vp1 + v2 * vp2 + v3 *
vp3;
if(vpt == 0)
result = [];
else
t = ((n1 - m1) * vp1 + (n2 - m2)
* vp2 + (n3 - m3) * vp3) / vpt;
result = [m1+v1 * t, m2+v2*t,
m3+v3*t, t];
end
end
```

函数输出的前 3 项为破门点的三维坐标，第四项为飞行时间。

根据预测的破门位置，使用反三角函数 (arctan) 计算扑救的角度，输出给到电机控制模块，执行扑救动作。

23.4 控制

在这个场景下，控制的目的是让守门员以最快的速度到达目标角度，且尽量没有过冲（打到地上会大幅降低挡板的寿命）。控制的指标有了，就来设计控制器结构吧（见图 23.17）。

我购买的伺服电机驱动器有 3 种控制接口，分别是角度控制、速度控制、扭矩控制。能不能省点事，直接使用伺服驱动的角度控制接口进行控制呢？答案是不能，因为伺服电机的编码器并不反馈守门员的绝对角度，而是代表着走过的相对距离。因此为了作位置控制，我将一个角位移传感器装在转轴上。这个角位移传感器的原理类似于旋转电位器，旋转到不同角度，输出的电压也不同。利用这个角度传感器重新设计角度控制器反馈回

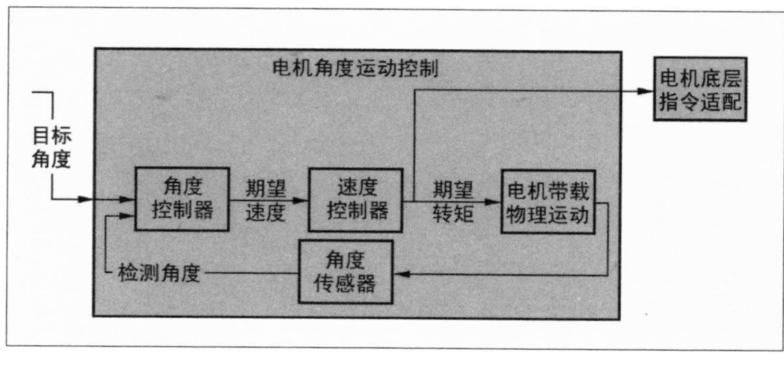

■ 图 23.17 控制器结构图

路，输出期望速度给伺服驱动器是否能够满足要求呢（见图 23.18）？可能可以，我们试试看。

效果怎么样呢？请扫描二维码看看视频。

演示视频：
电机位置控制

我没有打波形图出来，但是目测效果很不错，装上个短杆试试看，请扫描二维码观看视频。

演示视频：
装上短杆测试

反应非常快速，没有什么抖动，和空载看起来一样。那么是不是意味着我们只作一个位置环的控制就可以解决问题了？接下来我们来试试带完整负载，看看系统是否照常工作，请扫描二维码观看视频。

演示视频：
带完整负载测试

系统抖动了，而且是多次、巨大的抖动。这样会造成守门员挡板寿命减少，并且回弹会让一些低平球漏入门中。视频中的效果大大地落后于我们的设计指标（快速、抖动小），因此我们就需要分析一下问题出在哪里了。为什么板子变边、变重以后就会加剧抖动呢？

我们利用欧拉 - 拉格朗日方程对该转动机构进行模型分析，得到模型如图 23.19 所示。

最下面的式子就是我们的旋转模型。它代表什么意思呢？等式右边是外接输入的扭矩，也就是电机施加给守门员板的扭矩，等式左边第一项是一个常数乘以角加速度（角度的二阶导），第二项是一个常数乘以 sin（角度），实际上就是重力产生的扭矩。一句话描述：角加速度与电机扭矩以及重力产

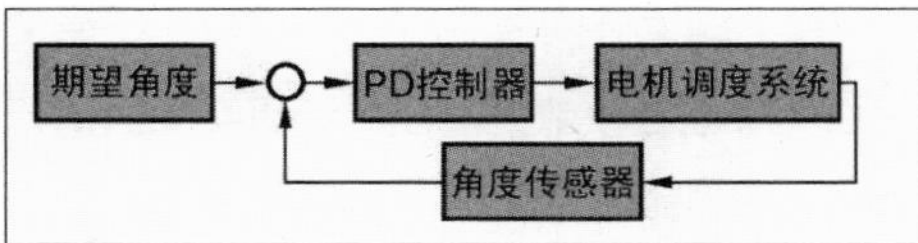

■ 图 23.18 重新设计角度控制器反馈回路

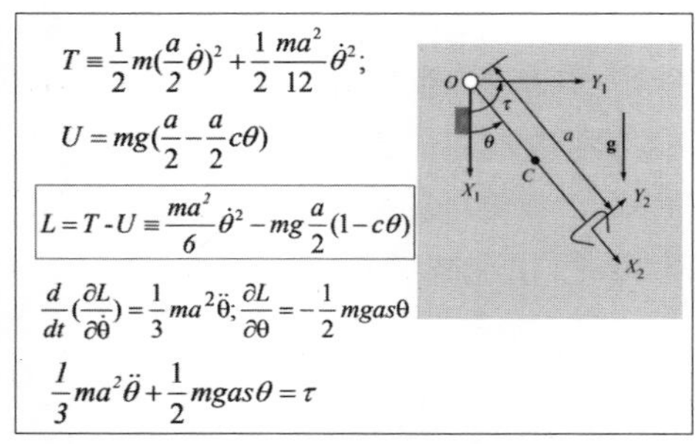

■ 图 23.19 对转动机构进行模型分析

生的扭矩的合扭矩成正比。听起来很像牛顿第二定律不是吗？其实它们之间确实有很多相似之处。

从这个式子能看出什么呢？能不能解释上面的现象（空载，短杆正常运行，带完全负载时抖动）呢？秘密就在重力产生的扭矩那一项。电机能够产生的扭矩远远大于重力能够产生的扭矩时，角加速度和电机扭矩成近似的线性关系。当重力能产生的扭矩和电机能产生的扭矩在同一个数量级时，电机就显得力不从心了。

这是不是意味着该换个扭矩更大的电机？或者用个减速比更大的减速机？其实不需要。重力做功的方向实际上和我们扑救的方向是相同的，是帮助我们加速的，只要利用好重力，我们可以更快地达到目标点。那怎么解决抖动的问题呢？

抖动源于非线性项增大，只需要减小非线性项即可。也就是说，只需要在控制器中增加前馈去抵消非线性项，就能够将系统线

性化，达到之前的效果。这就要求我们对扭矩直接进行操作，放弃之前使用的速度控制环。而这就是图 23.17 的用意。

为了说得更清楚，我用 MATLAB 仿真了一下这个系统（见图 23.20），然后将动态的响应打出来看一看。

简单地根据之前的方程搭建一个 simulink 模型，做一个速度环，将负载的长度和重量分别取 0.5m、0.4kg，类似之前的轻载，并将扭矩输出最大值限为 171N · m（电机与减速机过载极限值），大致调校 PI 参数，得到一个比较好的控制效果（见图 23.21）。

系统响应很快，没有什么抖振，很快达到目标速度。我们将负载扩大一倍看看效果（见图 23.22）。

和预想的一样，全负载下的振荡出现了。速度环的这种振荡最终也会影响位置环，出现之前的抖动现象。接下来，我们在同样的限制下，增加一个前馈，看是否能够抵消振荡（见图 23.23）。

我们刻意将前馈项算得不准确，看看效

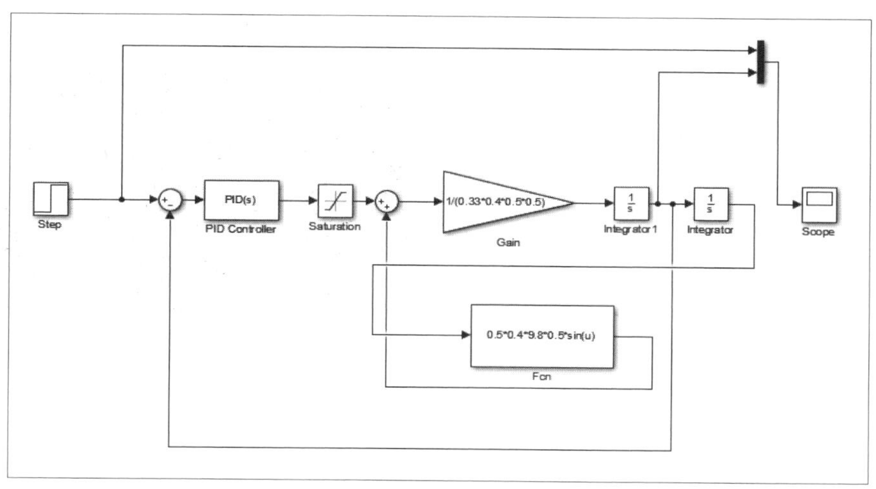

■ 图 23.20 用 MATLAB 仿真这个系统

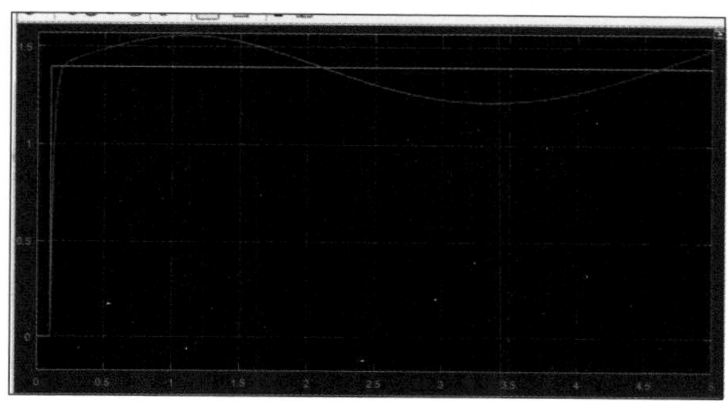

■ 图 23.21 得到比较好的控制效果

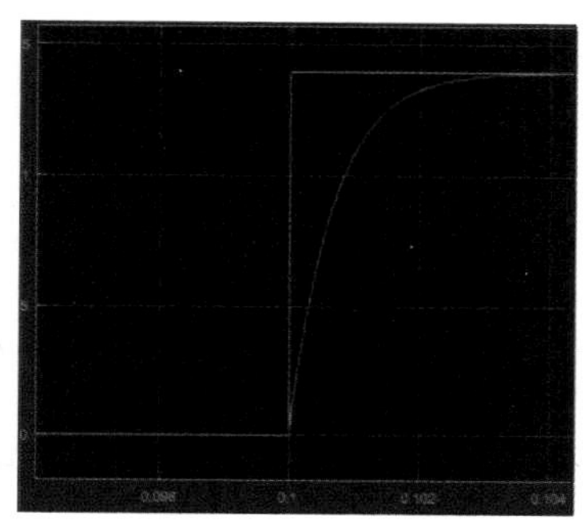

■ 图 23.22 将负载扩大一倍看看效果

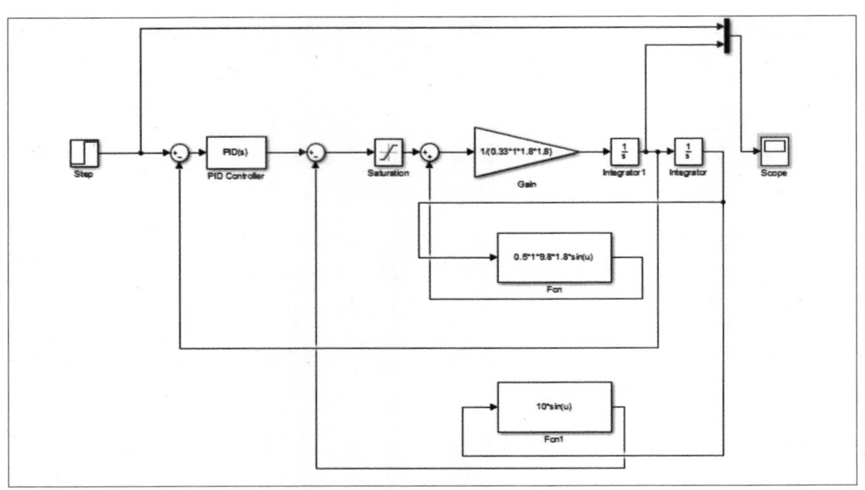

■ 图 23.23 增加一个前馈

果如何（见图 23.24）。

效果好多了，振荡大幅减小，通过调节前馈的参数可以获得更加理想的效果。那么这样一来，抖动的问题就能解决了。

最终的控制框图如图 23.25 所示，非线性串级 PID 完美解决了我们的问题，请扫描二维码观看演示视频。

■ 图 23.24 增加前馈后的效果

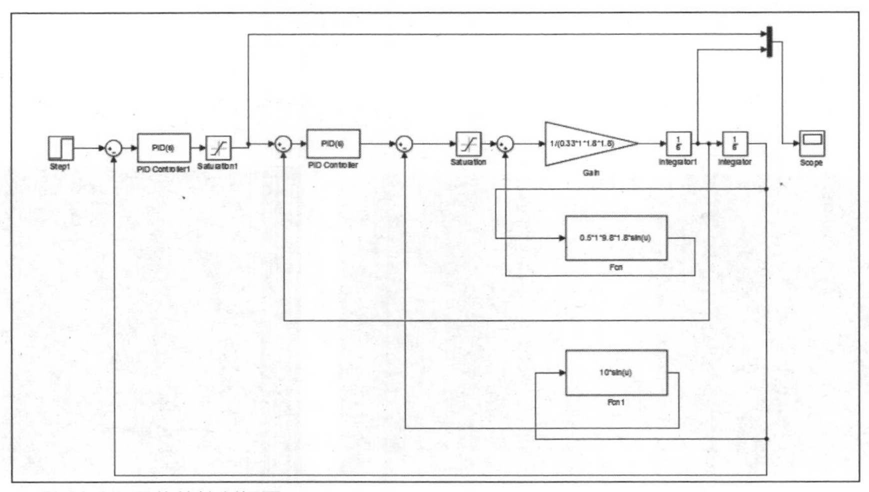

■ 图 23.25 最终的控制框图

演示视频：控制效果

当然，除了非线性串级 PID，我们也可以使用反馈线性化、后推法（backstepping）等非线性控制方法来实现同样的效果。不过既然此场景的非线性项如此明确，使用串级 PID 是最简单、快捷的。没有最牛的方法，只有最适合的方法。

23.5 总结

整个机器守门员的项目做完了，我最后总结一下。

难点：整个项目的难点还是在系统和工程上。系统上的设计、分析、方案的选型等是第一个难关。整个机器守门员的设计、制作时间（去掉工厂加工时间）不足 20 天，在短时间里少走弯路才是王道，这就显得系统设计、选型等工作非常重要。20 天里，我们在硬件结构上走了两次弯路，一次是发现电机扭矩不够，另一次是发现机器守门员的固定方式不稳固。这些修改都会凭空增加巨大的工作量，让时间难以控制。而工程上的实践，包括机械设计、寻找问题、软件调试、机械装配、分工合作、软件集成等都会带来算法之外的巨大工作量。反观此次制作过程，算法开发的时间仅仅占了 2 天，而剩下的 18 天都花在解决上面这一系列工程问题上。

重点：虽然说难点在于工程和系统，但整个系统的重点还是在于感知和预测这两个算法模块。毕竟缺少这两点，整个系统设计得再好也没法工作。

缺点：这个项目的缺点有很多，如果对比市场上把机器守门员当作商品的各种方案，我们的项目就显得太粗糙了。不管是电机的动力还是感知的速度，都比不过它们，但是它们的成本要比我们的项目高出一个数量级，所以这种比较显然没有意义。从我个人来讲，这个项目最大的缺点应该就是在设计前没有考虑守门员的高度对控制有这么巨大的影响，没有提前进行计算估计，导致最终出现控制上的问题。假如当初选择矮一点的门框，就会降低难度，减少很多麻烦。

反思：这个项目圆了我多年的一个梦。我在上大学时就和实验室的同学谋划着用双目视觉去做无人机的室内定位，让无人机在室内悬停；用双目去追踪飞行的纸飞机，然后控制水枪去把纸飞机打下来；用 Kinect 做会跑的垃圾桶，我一扔垃圾，它就能自动判断落点、跑到落点去，接住人随手扔的垃圾。这些项目无一例外都需要比较高速的三维定位 + 轨迹预测 + 运动控制，和机器守门员的原理基本相同。虽然之前几个想法都因为某种原因没有实现，但是机器守门员这个项目算是把我之前的遗憾都补上了。感谢俊君同学的共同奋斗，也感谢支持我们的活动部门。

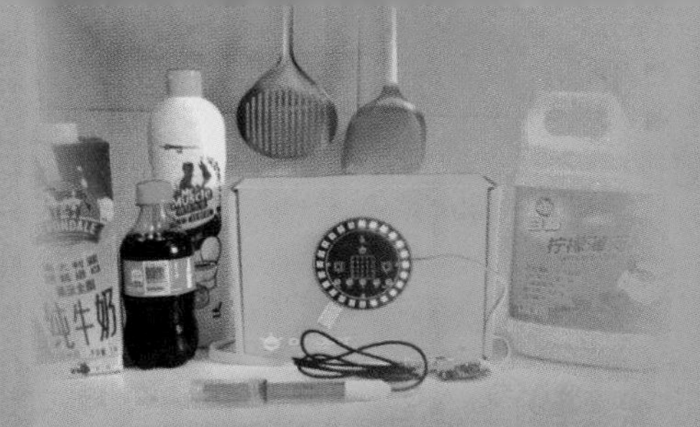

第 3 章

科学小实验

24 用 Arduino 做科学实验——研究热水与冰在室温下的温度变化

◇ 贾皓云

通常，我们采用红外温度计测量热水或冰在室温下的温度变化，通过每间隔一段时间记取一次读数来获取温度的变化规律。但是，热水在室温下的自然冷却过程与冰在室温下的自然融化过程都较为缓慢，实验的持续时间较长，操作者要每间隔一个特定的时间进行一次温度计的读数，比较费时。借助 Arduino 与 DS18B20 温度传感器，就可以将实验操作者从烦琐单调的计时、读数操作中解放出来，实现时间和温度数据的自动化测量与记录。

24.1 实验材料

实验所用材料如表 24.1 所示。

表 24.1 材料清单

材料
Arduino Uno 主控板
传感器扩展板
DS18B20 温度传感器
裸头线转杜邦线模块
MicroSD 模块
MicroSD 卡
读卡器
按键模块
有源蜂鸣器

24.2 实验方案

DS18B20 温度传感器是一种常用的高精度、高可靠性的温度传感器，它的测温范围是 -55 ~ 125℃，在 -10 ~ 85℃范围内其精度为 ±0.5℃。由于 DS18B20 温度传感器引线所能承受的温度上限在 85℃左右，所以建议测温范围是 -10 ~ 85℃。

DS18B20 温度传感器的 3 根输出引线分别为 DATA（黄色）、VCC（红色）、GND（黑色），我们通过裸头线转杜邦线模块将其与 Arduino 传感器扩展板的 3 号口相连。由于防水的 DS18B20 温度传感器需要接一个上拉电阻才能正常使用，所以我们将转换模块上的跳线帽切换至上拉电阻的位置，如图 24.1 所示。

为了将温度传感器获得的数据及时保存起来，我们通过 MicroSD 模块将数据及时存储到 MicroSD 卡中（见图 24.2）。

MicroSD 卡采用 SPI 协议与 Arduino 进行通信，Arduino 的 SPI 接口与管脚号的

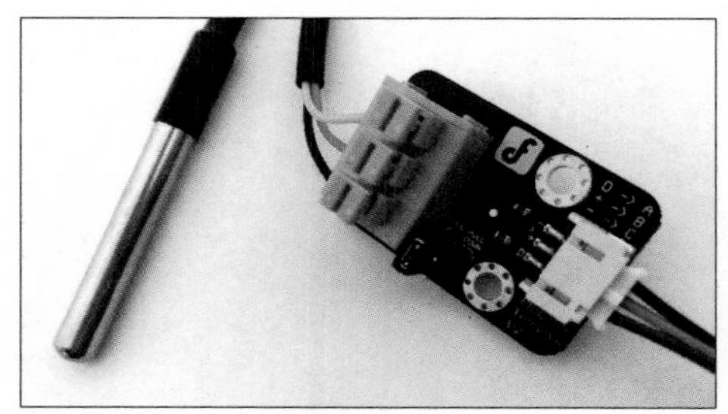

■ 图 24.1 温度传感器与转换模块连接

表 24.2 Arduino SPI 接口与管脚号对应关系表

Arduino SPI 接口	MOSI	MISO	SCK	SS
Arduino 管脚号	11	12	13	10

表 24.3 MicroSD 模块引脚与 Arduino 管脚连接关系表

MicroSD 模块引脚	MOSI	MISO	SCK	SS(CS)	VCC	GND
Arduino 管脚号	11	12	13	10	VCC	GND

对应关系如表 24.2 所示。

MicroSD 模块的引脚与 Arduino 管脚的连接关系如表 24.3 所示，读者可以根据表 24.3 中的对应关系进行连接。

笔者使用的 Arduino 传感器扩展板上提供了专门的 SD 卡模块插口，但由于这款 MicroSD 模块引脚与扩展板上提供的 SD 卡模块插口线序不一致，不能直接插接，故采用杜邦线进行相应接口的连接。

我们在 Arduino 的 4、5 号管脚分别连接黄色、红色按键模块，用于对程序进行控制，之所以选择 2 个按键模块，是为了降低程序设计难度，简化程序。在 6 号管脚连接有源蜂鸣器，用于发出提示音。

图 24.3 所示是以测量冰块温度为例的完整实验装置图，由于笔者所在的小区最近经常停电，故为 Arduino 提供了备用电池，即使停电后笔记本电脑电量耗光，Arduino 也能够在备用电池的支持下测量温度并将数据存储在 MicroSD 卡中。

编写程序如图 24.4 ~图 24.6 所示。图 24.4 中声明变量 t 用于存储以分钟为单位的测量时间，声明变量 Temp 用于存储测得的温度值。图 24.5 中程序初始化部分采用定时器中断，每隔 60000ms 即 1min 进行一次温度测量、串口打印和存储，按下 4 号管脚的按键后定时器启动。图 24.6 中的程序循环部分主要用于检测与 5 号管脚相连的按键是否被按下，如果被按下则停止检测。

实际操作时，按下连接在 4 号管脚的黄色按键，蜂鸣器发出“嘟”的提示音，

图 24.2 MicroSD 模块

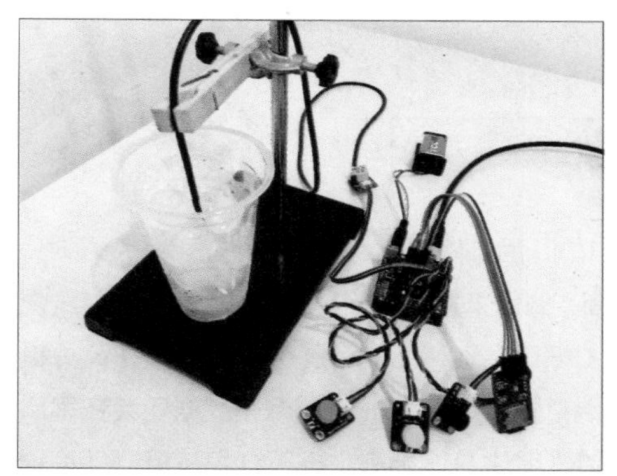

图 24.3 实验装置

声明 t 为 整数 并赋值 0
声明 Temp 为 小数 并赋值

图 24.4 声明变量

```
初始化
  MsTimer2 每隔 60000 ms
  执行 Temp 赋值为 DS18B20 管脚# 3 获取温度 °C
       Serial 打印 t
       Serial 打印 “ : ”
       Serial 打印（自动换行） Temp
       写入SD 文件 “ melt.txt ” 数据 t 换行 假
       写入SD 文件 “ melt.txt ” 数据 “ : ” 换行 假
       写入SD 文件 “ melt.txt ” 数据 Temp 换行 真
       t 赋值为 t + 1
  重复 满足条件 非 数字输入 管脚# 4
  执行
  MsTimer2 启动
  数字输出 管脚# 6 设为 高
  延时 毫秒 100
  数字输出 管脚# 6 设为 低
```

■ 图 24.5 程序初始化部分

```
如果 数字输入 管脚# 5
执行 MsTimer2 停止
     使用 i 从 1 到 2 步长为 1
     执行 数字输出 管脚# 6 设为 高
          延时 毫秒 100
          数字输出 管脚# 6 设为 低
          延时 毫秒 100
     停止程序
```

■ 图 24.6 程序循环部分

1min 后开始温度检测，每隔 1min Arduino 都会将的时间和通过传感器检测到的温度值（摄氏度）存储在 SD 卡中，如果在计算机端打开了串口监视器，相关数据还会在串口监视器中打印出来；按下红色按键，结束程序，蜂鸣器发出“嘟嘟”声作为提示。

24.3　研究热水在室温下的自然冷却

准备一杯温度低于 85℃的热水，将 DS18B20 温度传感器的探头置于水中，将传感器固定好，使探头既不接触杯壁也不接触杯底。按下黄色按键，温度检测程序开始运行，操作者无须守候在装置旁，一段时间之后，按下红色按键停止检测。在这一过程中室温基本稳定在 19.5℃。

取出 SD 卡，通过读卡器插接到计算机的 USB 接口，我们可以看到 SD 卡中有一个名为“TEMP.TXT”的文件，打开之后我们可以看到文件中存储的检测数据，共 216 组数据。将这些数据导入 Excel 中，生成曲线图如图 24.7 所示。

从图 24.7 中我们可以发现，热水温度下降的速度越来越缓慢，其温度越来越接近室温。

24.4　研究冰在室温下融化的温度变化

为了测量冰块在融化过程中的温度变化，将 DS18B20 温度传感器的探头置于装有冰块的杯中，让冰在室温下自然融化。

一段时间后，将获得的数据导入 Excel 中生成曲线图，如图 24.8 所示。

我们发现，从开始测量时的 3 分钟内测得的温度持续下降，这实际上是由于传感器探头的初始温度高于冰块的温度，而热传

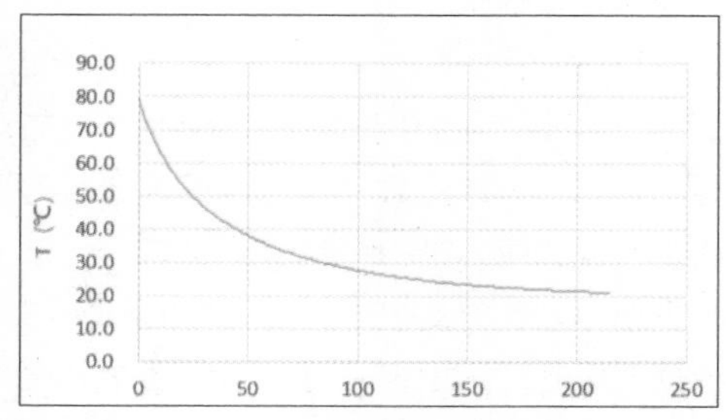

■ 图 24.7 热水在室温下的温度变化曲线图

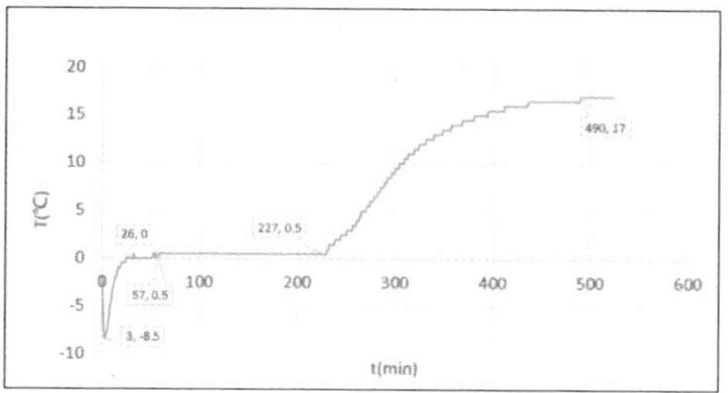

图 24.8 冰融化过程中的温度变化曲线图

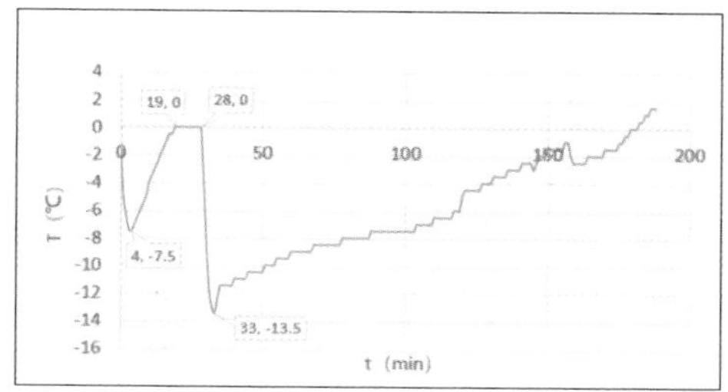

图 24.9 冰中加入盐后的温度变化曲线图

导需要一定的时间，最终测得冰块的最低温度为零下 8.5℃；第 3 分钟至第 26 分钟时冰块的温度迅速上升至 0℃；第 26 分钟时冰开始融化，且在第 26 分钟至第 56 分钟之间温度基本稳定在 0℃，第 57 分钟至第 227 分钟之间冰块仍然在继续融化，杯中的液态水越来越多，温度探头已接触到液态水，此时测得的温度基本稳定在 0.5℃；第 227 分钟后，冰块已完全融化，温度持续上升，但温度上升的速度越来越缓慢。

24.5 研究冰中加盐后的温度变化

在冰块中加入食用盐后，冰块的温度会怎样变化呢?

将冰块置于杯中，测得冰块的最低温度为零下 7.5℃，从第 4 分钟开始，温度持续上升，至第 19 分钟时温度达到 0℃，之后稳定在 0℃。在第 28 分钟时向杯中加入一些食用盐，温度迅速下降，在第 33 分钟时降至最低温度零下 13.5℃，之后温度缓慢上升（见图 24.9）。

我们发现，冰中加盐之后确实可以让冰块的温度大大降低。

24.6 总结讨论

通过一系列实验，我们深刻地感受到 Arduino 与数字化传感器为我们采集实验数据所带来的便利。使用 DS18B20 温度传感器，可以方便地测量温度，使用 SD 卡可以及时存储实验数据，极大地节省了人力成本和时间成本。

在研究冰块融化过程中的温度变化时，我们测得冰块在刚开始融化的一段时间内温度稳定在 0℃，随着冰块的融化，杯中液面逐渐上升，当液态水与传感器探头接触时，温度稳定在 0.5℃。这与“冰水混合物的温度为 0℃”这一规定并不完全吻合，为什么会发生这种状况呢? 这是由于冰块在融化过程中需要从外界不断吸热，吸收的热量首先导致冰块四周的水温升高，冰块再从水中吸热继续融化，过程中水温总是略高于冰的温度，所以实际测得的冰水混合物的温度略高于 0℃。

我们通过一个简单的实验证实了在冰中加盐会让冰块的温度显著降低，关于冰中加盐温度降低的原理读者可以继续探讨，感兴趣的读者还可以继续研究冰中加盐温度的降低程度与冰、盐混合比例的关系。

25 喝可乐 = 喝洁厕灵？让电子 pH 试纸告诉你真相

◇ 狄勇

早就听说过可乐的各种暗黑用法，其中一项是可以当洁厕灵用。这说法是真的吗？假期里，米爸带小米同学用 micro:bit 做了个电子 pH 试纸，就用它来告诉你真相吧！

前不久，我在论坛上看到 DFRobot 的 BOSON 造物粒子科学套件的样板实验（见图 25.1）。它将传感器检测到的 pH 值映射到了舵机上，用指针方式显示检测结果。看了这个实验，我想到以前“败”的 pH 传感器一直没有发挥过作用，就准备带着小米同学试试。看他这几天一直在玩备课平台上初中的化学模拟实验，似乎可以借这个小项目顺手“植入”对化学的兴趣。

图 25.1 BOSON 造物粒子科学套件的样板实验

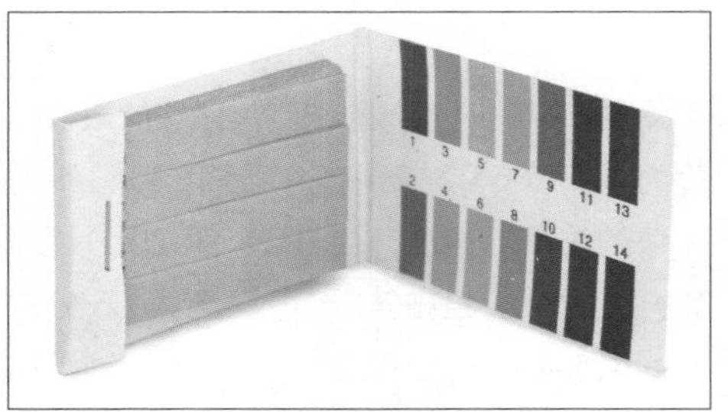

图 25.2 pH 试纸的色卡

表 25.1 制作所需的材料

名称	数量
micro:bit	1
RGB 灯环扩展板	1
pH 传感器	1

正好前一阵捣鼓车间的律动荆棘皇冠 Crown of Thorns 给了我另一个灵感。既然 pH 试纸的色卡是“一道彩虹”（见图 25.2），为什么不用荆棘皇冠所用的 RGB 色环扩展板来作为“电子色卡”呢？“剁手党”囤积的原料也有了用武之地（见表 25.1）。

25.1 器材概览

当器材“剁手党”的好处就是：当灵感

降临时，材料已经躺在抽屉里待你翻牌，我很喜欢这种感觉。图 25.3 所示是我两周前入手的、当时还不知道用来捣鼓什么项目的 RGB 灯环扩展板。正面可以看到板载的 24 颗 RGB LED 和 1 个话筒。

背面可以看到一个蜂鸣器，以及 P1、P0 两个 I/O 扩展口和对应的复用选择开关（见图 25.4）。它支持 PH2.0 接口和 USB 外接供电。

在扩展板与 micro:bit 的连接方式上，DF 一直出奇招。Micro:Mate 使用的是 Q 弹有力的 PogoPin，而 RGB 灯环扩展板则把螺母直接嵌入了 PCB 中（见图 25.5）。我不清楚这是什么工艺，不常见，应该也不简单。螺母正面贴有绝缘纸（见图 25.6），

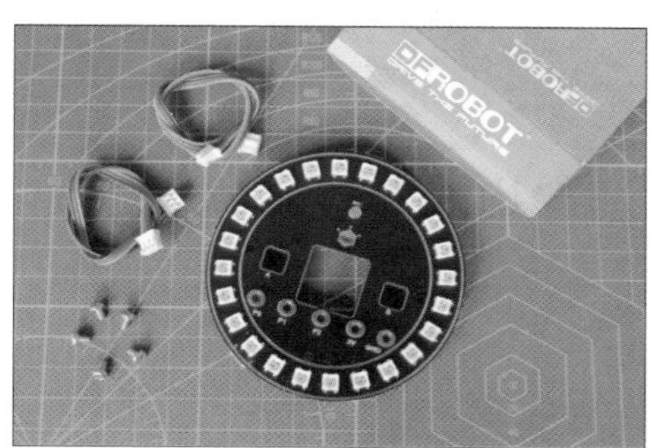

图 25.3 RGB 灯环扩展板正面

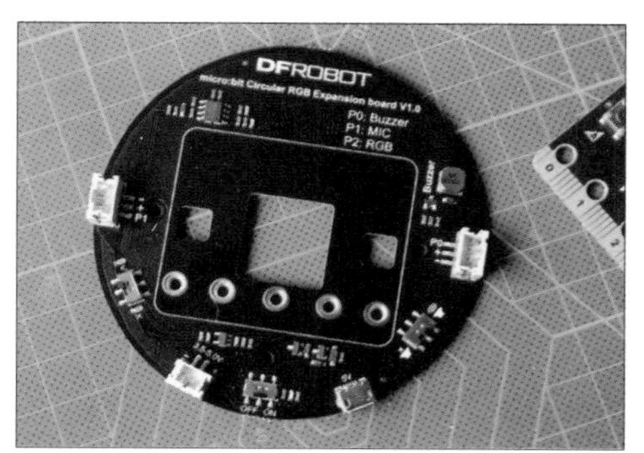

图 25.4 RGB 灯环扩展板背面

图 25.5 嵌入 PCB 中的螺母

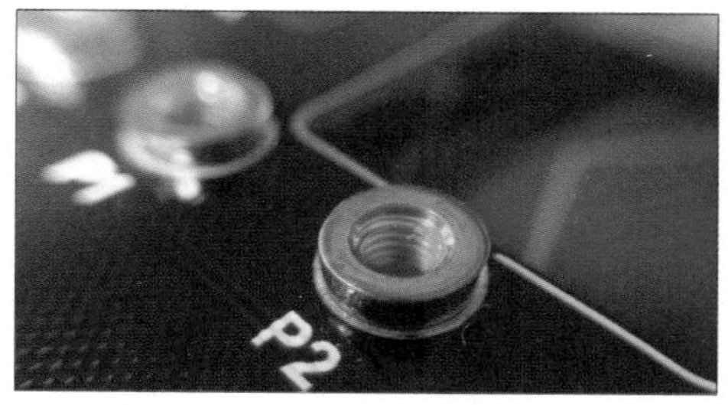

图 25.6 正面贴有绝缘纸

图 25.7 拧入螺丝时，螺丝会接触到金手指，由此实现和扩展板的电路连接

拧入螺丝时，螺丝会接触到金手指，由此实现和扩展板的电路连接（见图 25.7）。

RGB 灯环扩展板与 micro:bit 合体后的样子如图 25.8 所示。

下面出场的另一主角是 pH 传感器，它包括传感器、转接板、连接线（见图 25.9）。在本项目中，连接线需要换用环形 RGB 灯环扩展板配套的双头 PH2.0-3pin

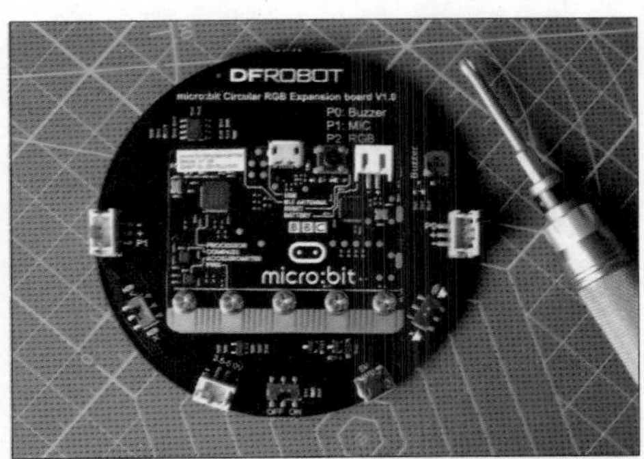

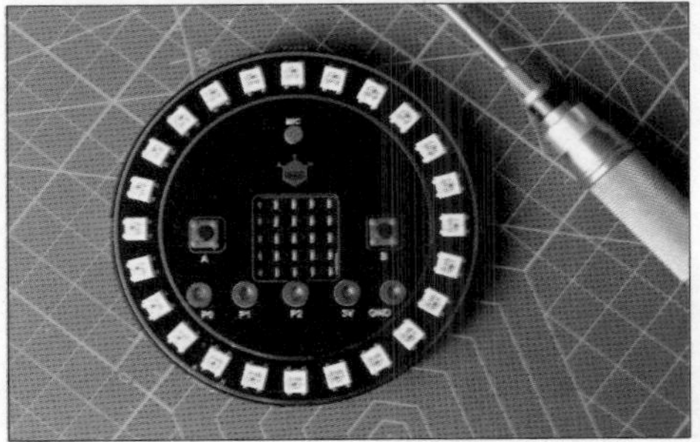

■ 图 25.8 RGB 灯环扩展板与 micro:bit 合体后的样子

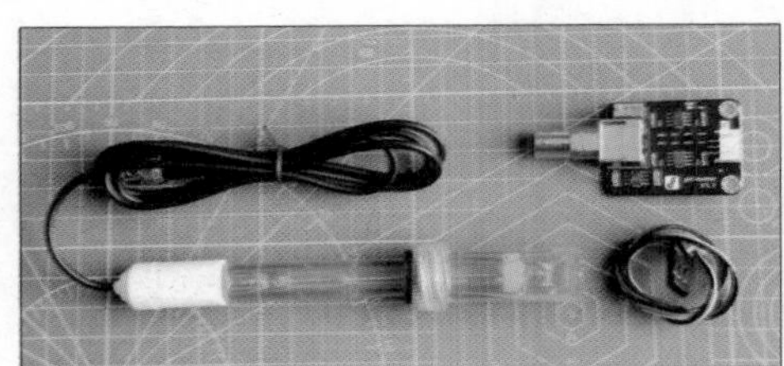

■ 图 25.9 pH 传感器

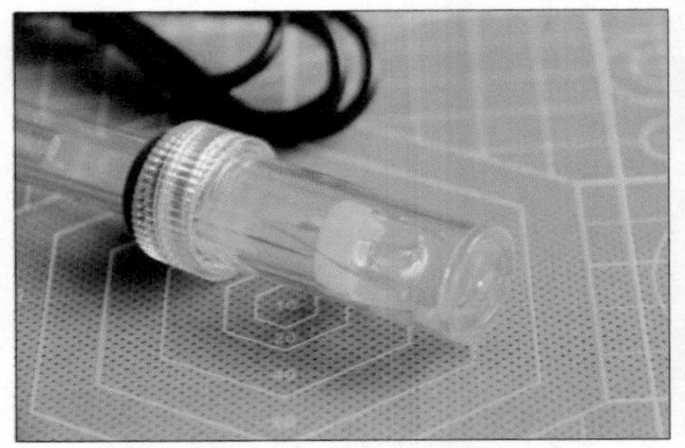

■ 图 25.10 电极泡在保护液中

连接线。传感器的电极泡在保护液中（见图 25.10）。

转接板如图 25.11 所示，因为入手较早，版本为 V1.1，是为 Arduino 设计的，工作电压为 5V。现在有 V2 版的，工作电压为 3.3~5V，更适合 micro:bit。

传感器和转接板通过 BNC 接口连接（见图 25.12）。BNC 是一种用于同轴电缆的连接器，全称是卡扣配合型连接器，这个名称形象地描述了这种接口的外形。

将 pH 传感器连接到 RGB 灯环扩展板

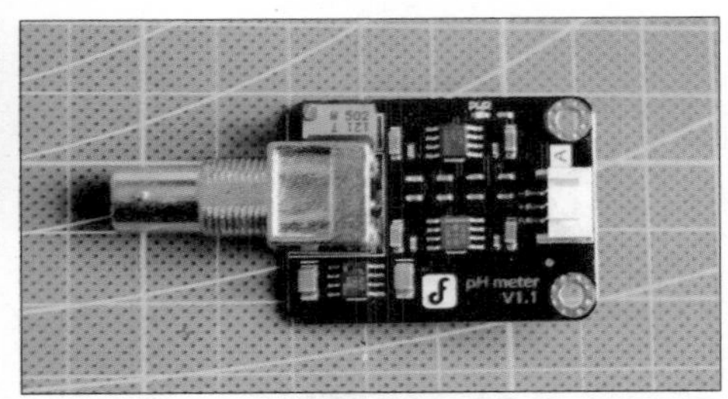

■ 图 25.11 转接板

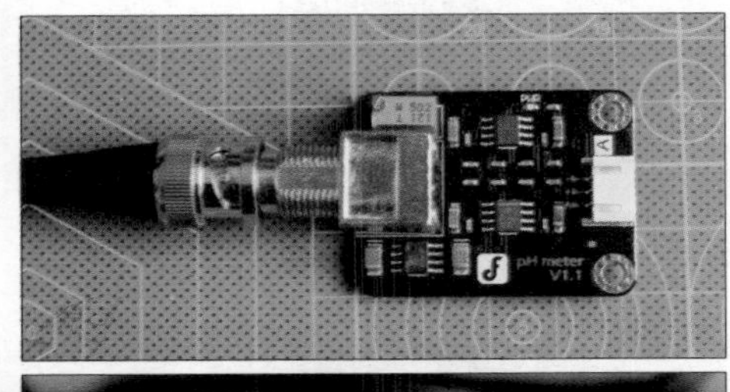

■ 图 25.12 BNC 接口

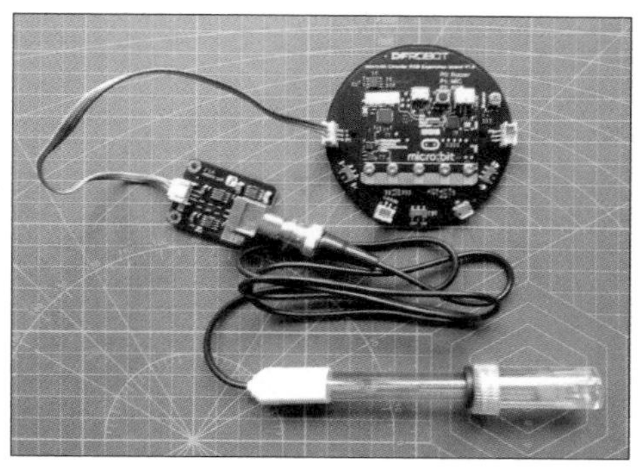

■ 图 25.13 将 pH 传感器连接到 RGB 灯环扩展板的 P1 接口

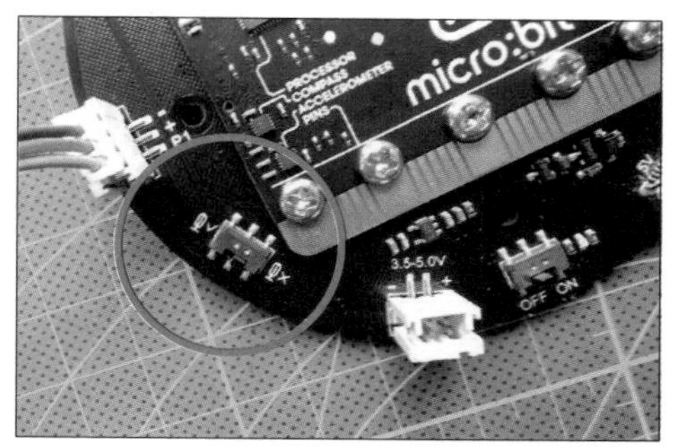

■ 图 25.14 通过拨动开关将话筒禁用

■ 图 25.15 将蜂鸣器开关打开

的 P1 接口（见图 25.13）。由于板载话筒复用了 P1 口，需要通过拨动开关将话筒禁用（见图 25.14）。我们的程序设计为操作时有提示音，所以蜂鸣器开关需要打开（见图 25.15，此时 P2 口禁用）。

由于 RGB 灯环比较耗电，需要通过 PH2.0 接口或 USB 接口外接供电。

25.2 尚有掣肘的程序

我和小米同学一起编写程序，调试和完善还是花了点时间的。尤其是映射模块的输入最高值，很是困扰我们，因为手头的 pH 传感器是为 Arduino 设计的，工作电压为 5V，我们缺乏 pH 传感器应用于 micro:bit 的技术资料，程序里用的 700 的值也只是我们测试后的一个相对理想值（见图 25.16）。

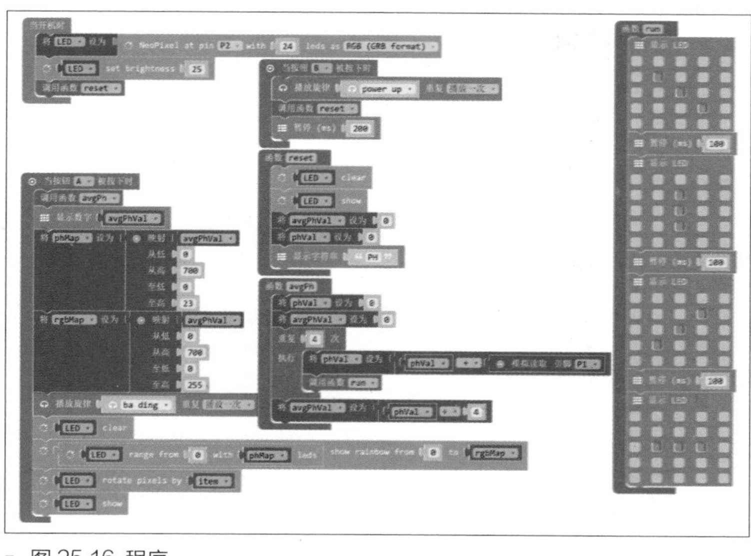

■ 图 25.16 程序

映射模块 phMap 用于根据 P1 读取的模拟量点亮对应数量的 LED。

映射模块 rgbMap 用于根据 P1 读取的模拟量显示对应的由 RGB 灯环模拟的“pH 色卡”。

25.3 厨房变身实验室

我们起个大早，把厨房变成了实验室。我们先是挑选了以下生活中常见的液体作为检测对象：自来水、可口可乐、玫瑰米醋、牛奶、洗洁精、洁厕灵（见图 25.17）。除了那瓶威猛先生洁厕灵，别的物品出现在灶台上，画风还算和谐。每次更换检测对象前，我们都会用自来水对电极进行冲洗。

图 25.17 电子 pH 试纸与检测对象

图 25.18 自来水的检测结果

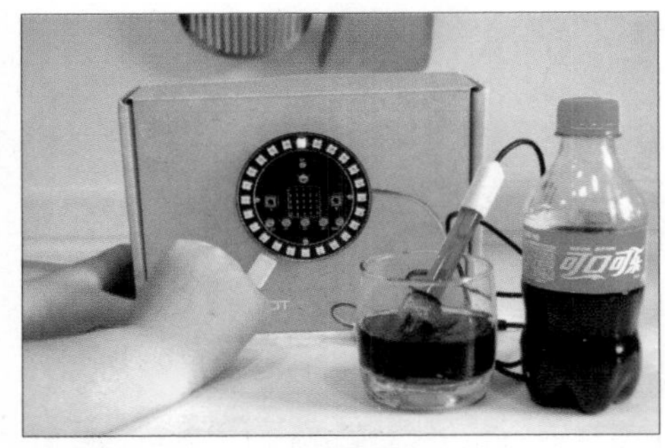

图 25.19 可口可乐的检测结果

图 25.20 玫瑰米醋的检测结果

首先测一下自来水，以便参照。读数是 436，RGB 灯环终点颜色为淡蓝色（见图 25.18）。注意：点阵屏显示的读数是读取自传感器的模拟量值，不是 pH 值。

接着测可口可乐，读数为 32！小米忍不住发出惊叹，这也太偏酸性了吧？灯环只亮了一个 LED，显示为红色（见图 25.19）。

玫瑰米醋的读数为 71，RGB 灯环亮 2 个 LED，终点颜色为橙色（见图 25.20）。醋嘛，酸点不意外，不过居然酸不过可乐。

牛奶的读数为 359，RGB 灯环终点颜色为绿色（见图 25.21）。牛奶应该属于弱酸性食品。

图 25.21 牛奶的检测结果

图 25.22 白猫洗洁精的检测结果

图 25.23 洁厕灵的检测结果

白猫洗洁精的读数为 364，RGB 灯环终点颜色为绿色（见图 25.22）。

洁厕灵的读数为 26，一个 LED 都没有亮，酸性很强（见图 25.23）。

这一堆测下来没有测过碱性液体，于是我们继续添几样。

先来试试小苏打，读数为 464，RGB 灯环终点颜色为蓝色（见图 25.24）。

最后一个检测对象是洗衣服用的肥皂，读数为 573，RGB 灯环终点颜色应该算是靛蓝色吧，浓度再高就该偏紫色了（见图 25.25），符合我们对“碱肥皂”的认知。

25.4 结论

图 25.26 所示是小米的实验记录，结论是“喝可乐 = 喝洁厕灵”单从酸碱度上看是成立的，不过从逻辑上来说明显是偷换了概念（我赶紧把实验剩下的可乐喝了压压惊）。

从装置设计上看，传感器对酸碱度是敏

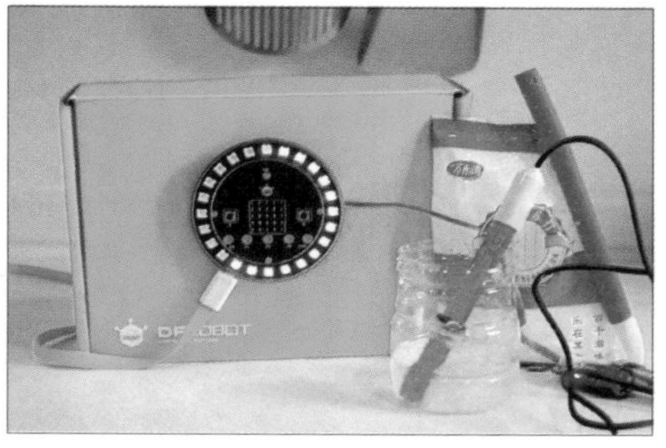

图 25.24 小苏打的检测结果

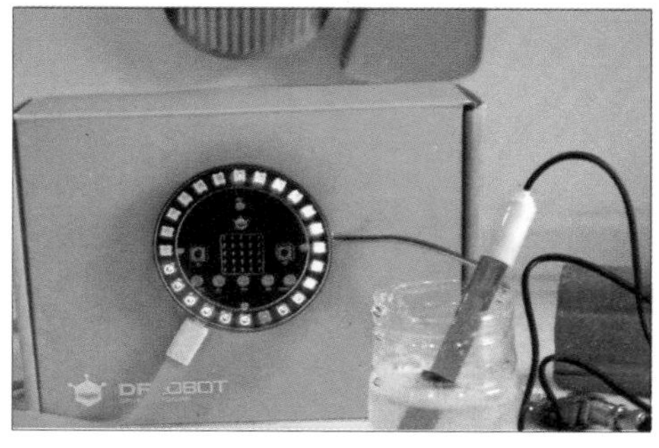

图 25.25 肥皂的检测结果

感的，虽然没有公式可以将读数换算成真正的 pH 值，但能通过模拟量读数量化并通过 RGB 灯环模拟色卡直观显示 pH 值大小。我也咨询了 DF 的工程师，新版本 pH 传感器出来后就会提供针对 micro:bit 的 pH 值换算公式，我也顺便提了个小要求，希望能单独出售新版转接板，也好保护老版本用户的投资。

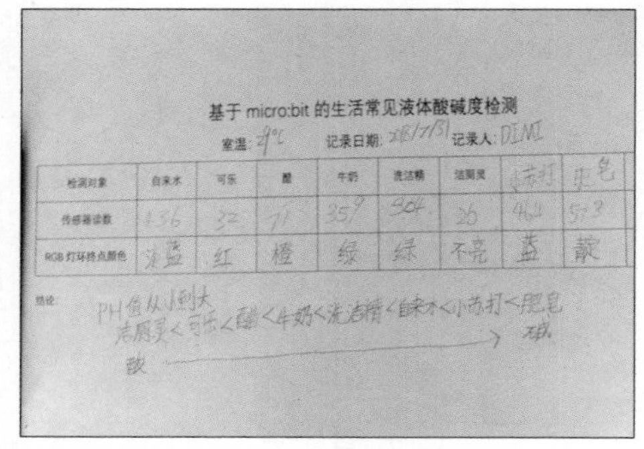

基于 micro:bit 的生活常见液体酸碱度检测

室温：　记录日期：　记录人：

检测对象	自来水	可乐	醋	牛奶	洗洁精	洁厕灵	小苏打	肥皂
传感器读数	136	32	71	359	304	26	464	573
RGB 灯环终点颜色	浅蓝	红	橙	绿	绿	不亮	蓝	靛

结论：PH值从小到大

洁厕灵<可乐<醋<牛奶<洗洁精<自来水<小苏打<肥皂

酸→碱

■ 图 25.26 实验记录

第 4 章

艺术与创意

26 时钟鹿 Deer Clock

◇ Mingming.Zhang

小桌面，大世界，就算是方寸之间，也有不一样的风景画面。我要带你 DIY 最独特的桌面好物，可以极简风，也可以处女座，因为桌面就是你的个性签名。

今天的主角就是桌面时钟，时间“嘀嗒”地记录着生活。真正的 DIY 是随手可得的，因此我注意到牛皮纸、包装盒等。不知道平行世界里的第二个你会爆发出怎么样的艺术色彩？包装硬纸可任意裁剪、涂色，还有纯粹的颜色和质地，只要发挥想象力，再不起眼的东西也能以 很艺术的形式呈现出来（见图 26.1）。

■ 图 26.1 用包装硬纸制作的艺术品

时钟鹿拥有方头方脑的大脸、几何形状的鹿角、笨拙的四足、蓝色荧光的数字时间显示（见图 26.2），最大的乐趣还在于亲手制作。 电路的方案也很简单实用：将 6cm × 3cm 的 LED 点阵屏、I^2C 接口的实时时钟模块（即使掉电也不用担心时间不准）接到基于 Arduino 的 Beetle 控制器上即可（见图 26.3）。制作所需的材料与工具见表 26.1。

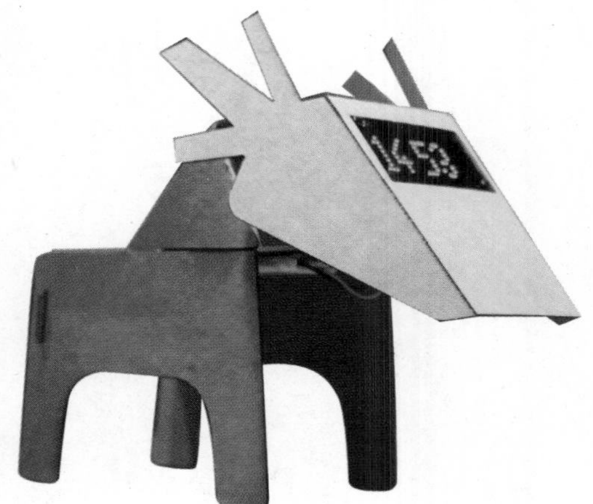

表 26.1　制作所需的材料与工具

制作所需的材料与工具
Beetle 控制器
FireBeetle 24 × 8 LED 点阵屏（白色）
Gravity：I^2C SD2405 RTC 实时时钟模块
micro USB 数据线
A2 牛皮硬卡纸（1.0mm 厚）
胶水
美工刀
常见 CAD 软件（AutoCAD、Solidworks、fushion360 等都行）

■ 图 26.2 时钟鹿

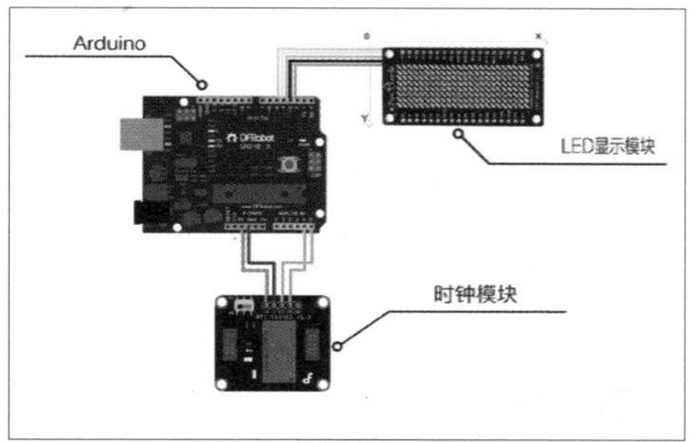

■ 图 26.3 电路连接示意图

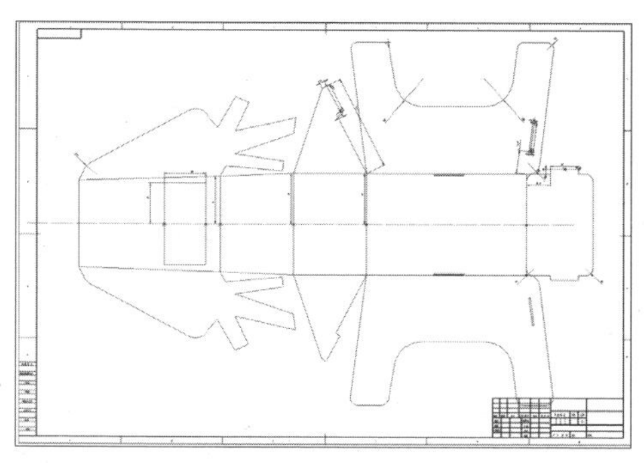

■ 图 26.4 工程图

这里我用 Solidworks（其他 CAD 软件也可以）建立工程图（工程图是平面的，3D 模型是立体的），整个设计的大小差不多有一张 A3 纸那么大（见图 26.4）。

将设计好的工程图保存后，接下来就需要用激光切割机制作。

图 26.5 所示是激光切割的操作软件界面，导入设计好的工程图（dxf 格式），转化为加工文件（oux 格式），最后检查一遍

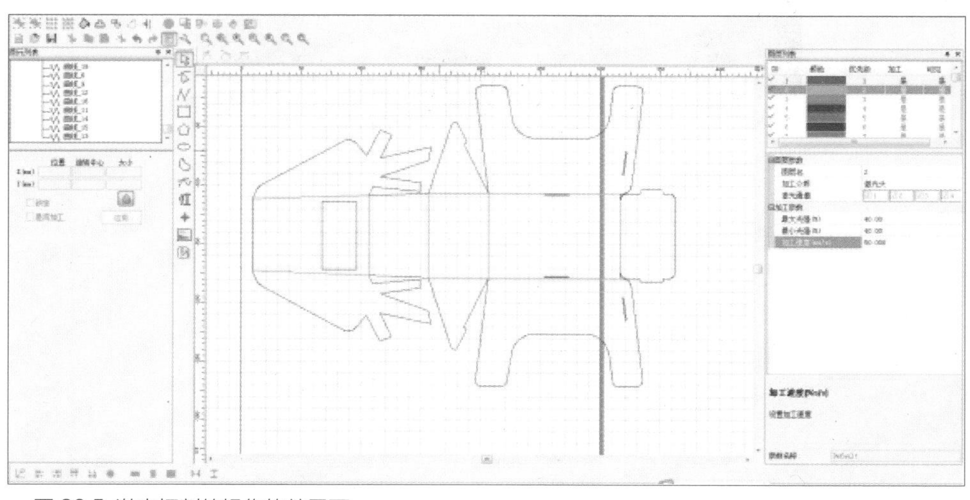

■ 图 26.5 激光切割的操作软件界面

所有线条的完整性。

折叠、组装切割好的硬卡纸（见图26.6），整个步骤差不多四五下就能完成，把连接好的电路装进去就可以了（见图26.7）。

你的桌面缺一个时钟吗？动手造一个吧，生活原本就很简单。有了它，在灯光下、在桌面上，好像时间都变得有趣了，拥有创造美的双手，一切都是这么好。如果你也喜欢它，就赶紧动手制作一个吧！

程序和工程图请从本书下载平台（见目录）下载。

图 26.6 切割好的硬卡纸

图 26.7 折叠方法与成品

自带发光属性的 micro:bit 兔子

◇ 魏春梅

我梦里的兔子不是短尾巴萌宠，而是脚踩风火轮、身披锁子黄金甲来拯救“世界”（萌化内心）的。制作出实物后，我也有一种“猜中了开头，没有猜中结尾”的感觉——比起兔子，感觉它更像一只小老鼠。下面就来看看制作这个兔子所需要的材料吧（见图 27.1 和表 27.1）。

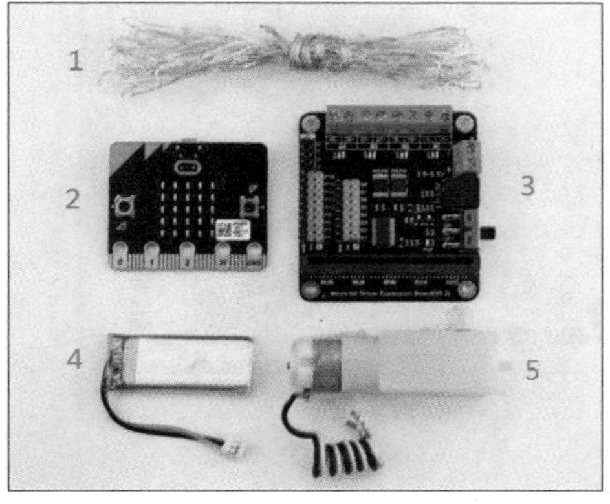

■ 图 27.1 制作所需的材料

表 27.1 制作所需的材料

编号	名称
1	LED 灯带（暖白色）
2	micro:bit
3	micro:bit 电机驱动扩展板
4	锂电池
5	减速电机

暖白色的 LED 灯带（见图 27.2）是 4m 长的柔性灯带，有 40 个 LED，配有晶

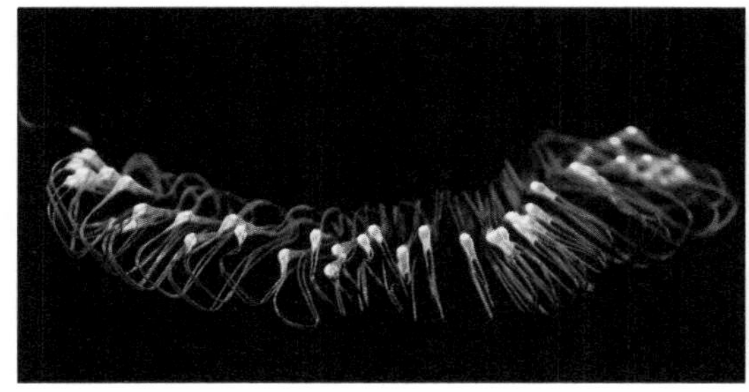

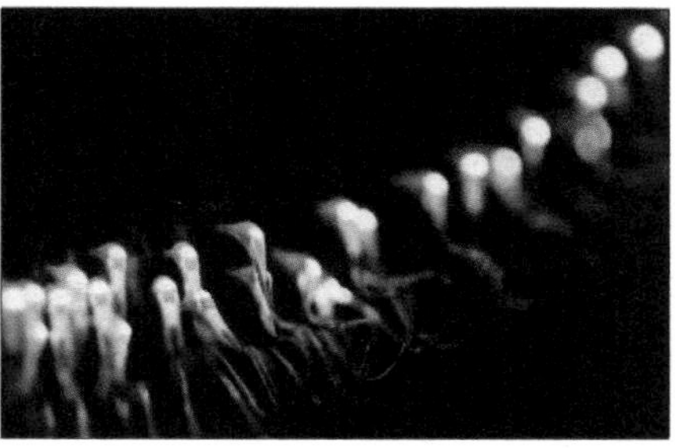

■ 图 27.2 LED 灯带

体开关，可编程控制。通上电源（5V），就能看到一闪一闪的效果。

micro:bit（见图27.3）是一款为青少年编程教育设计的主控板，它体积小（仅有信用卡一半大），内置加速度计、电子罗盘、温度计、蓝牙等电子模块，DIY时更加方便了。它的正中间还配有5×5可编程LED点阵。micro:bit支持微软开发的MakeCode在线图形化编程工具。编程环境基于Web服务，不用下载，也无须安装任何驱动程序。

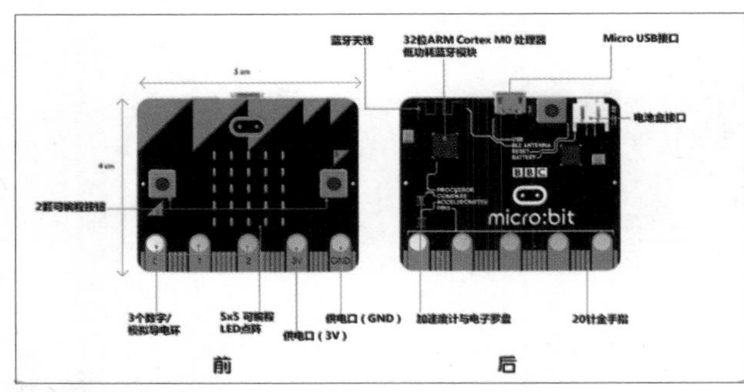

图27.3 micro:bit

micro:bit电机驱动扩展板（见图27.4）在集成了4路电机驱动、2路步进电机驱动的基础上引出了8个舵机接口、9个I/O口、2个I²C接口（都是采用Gravity标准接口），支持很多模块和传感器，同时还便于拔插。该扩展板有两种电源接口，供电电压范围为3.5~5.5V。

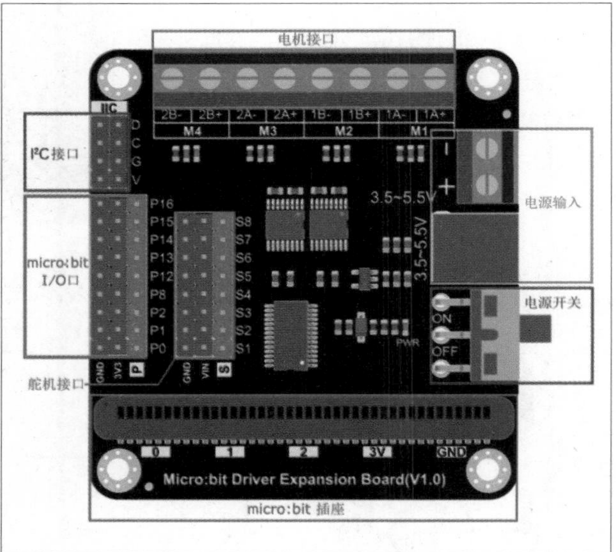

图27.4 micro:bit电机驱动扩展板

27.1 组装过程

兔子的外观是采用3D打印技术制作的。组装一只完整的兔子所需要的配件如图27.5所示。组装过程如图27.6所示。

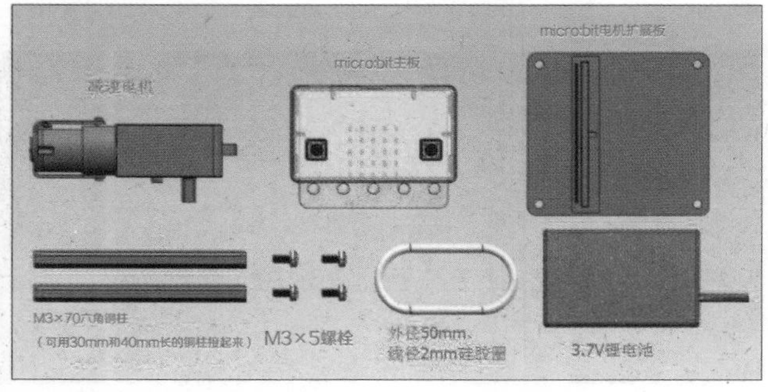

图27.5 所需要的配件

兔子组装好后，按照图

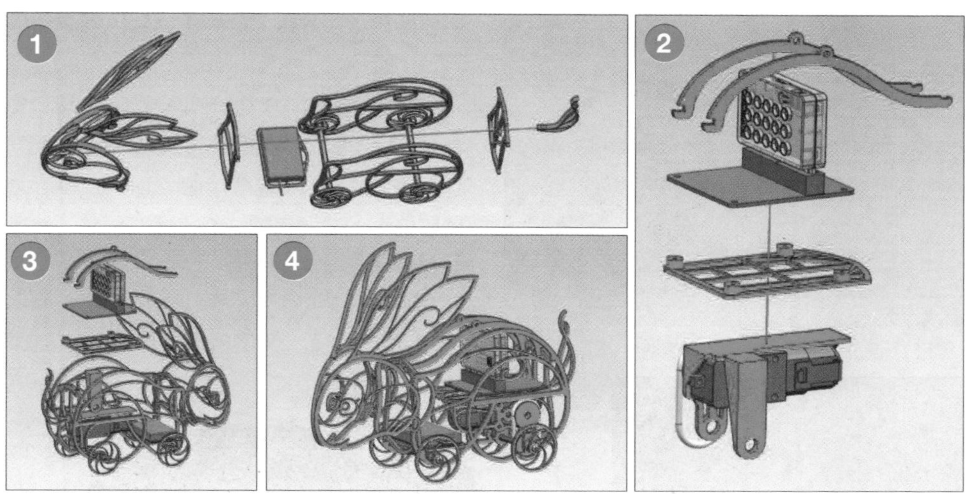

■ 图 27.6 组装过程

27.7 所示的连接方法将电路连接到一起。

因为我的 LED 灯带驱动模块不知道去哪里“旅游”了，所以我只能在灯带上外接两根电源线（见图 27.8），再插到主板上了。如果有 LED 灯带驱动模块，就可以编程控制灯带，展示出酷炫的效果就靠它了。电路部分的上电效果如图 27.9 所示。

在外观上施以点睛之笔，兔子瞬间就会

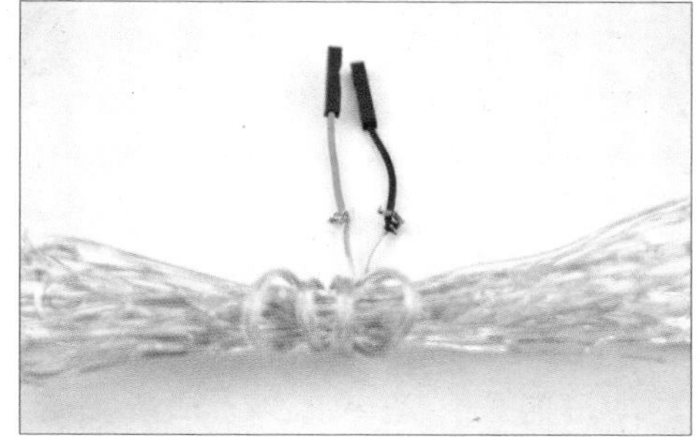

■ 图 27.8 在灯带上外接两根电源线

■ 图 27.7 电路连接方法

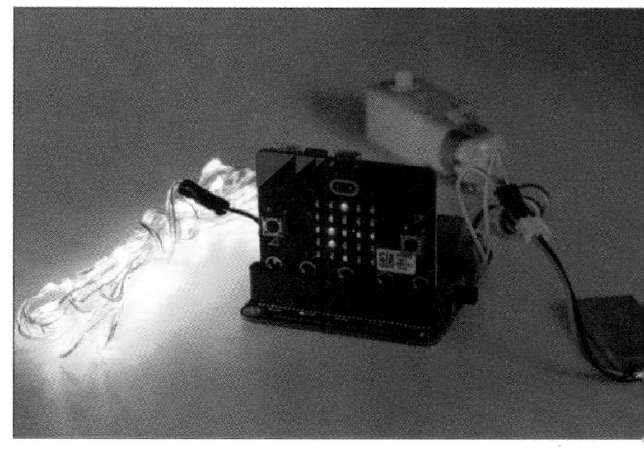

■ 图 27.9 电路部分上电效果

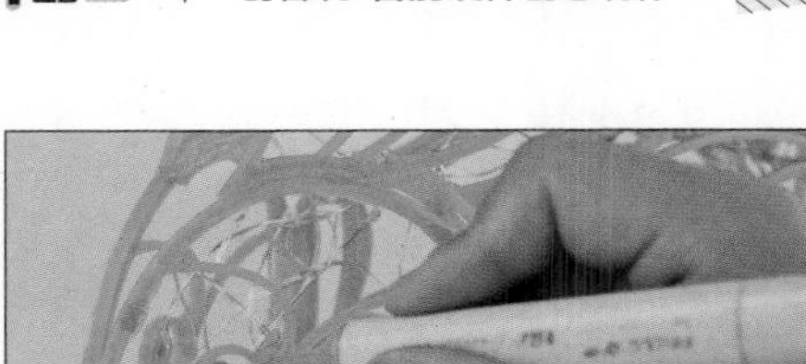

■ 图 27.10 点睛之笔

栩栩如生了（见图 27.10）。整体效果如图 27.11 所示。

配上 micro:bit gamepad 扩展板（见图 27.12）后，就能启动“风火轮”属性了。

将 micro:bit 插到 micro:bit gamepad 扩展板上，就能得到一个无线遥控器，通过蓝牙连接实现无线操控。

■ 图 27.11 整体效果

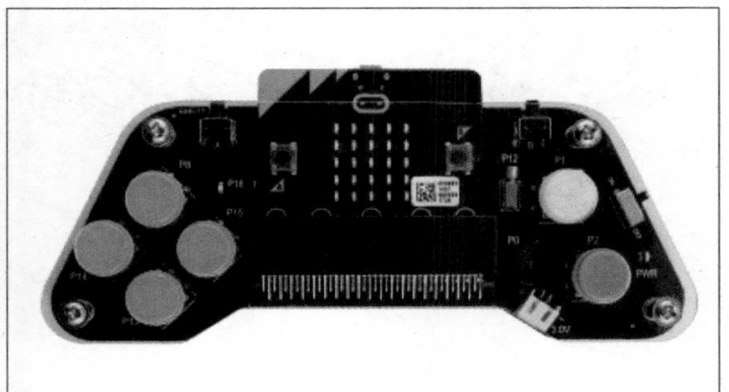

■ 图 27.12 micro:bit gamepad 扩展板

27.2 图形化程序

兔子的图形化程序如图 27.13 所示。手柄的图形化程序如图 27.14 所示。

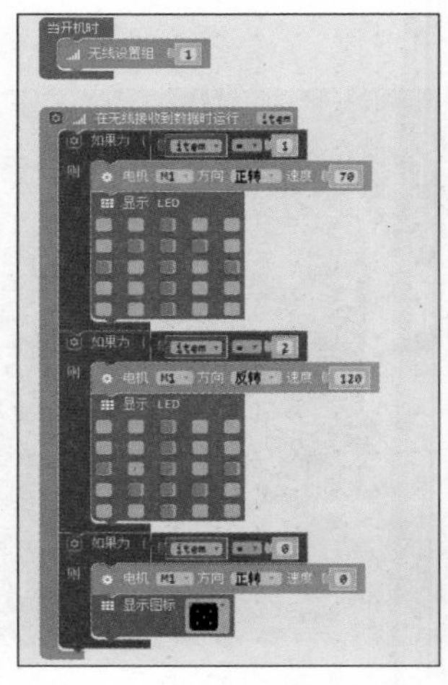

■ 图 27.13 兔子的图形化程序

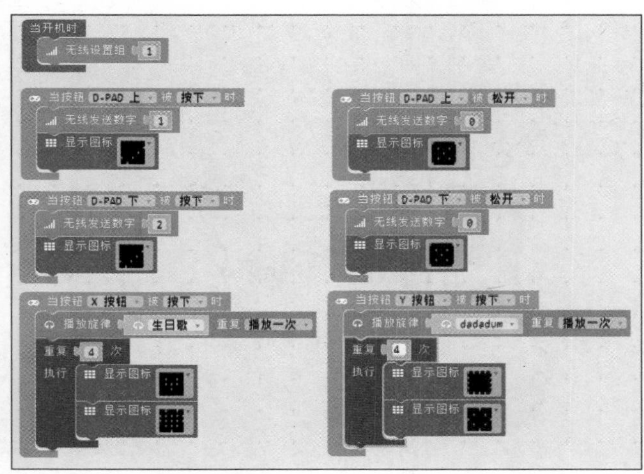

■ 图 27.14 手柄的图形化程序

律动荆棘皇冠彩灯头饰

◇ 陈众贤 李嘉诚

为你的女神制作一款题图中的彩灯头饰，圆她儿时的公主梦想吧。看到这里你是不是心动了？是不是想赶紧为你的她戴上这顶皇冠？下面就跟我来一起制作吧。

28.1 准备工作

首先请准备好制作所需要的材料，见图 28.1，所需材料名称及数量见表 28.1。

表 28.1 材料清单

材料名称	数量
micro:bit	1 个
micro:bit RGB 全彩 LED 灯环扩展板	1 块
3.7V 锂电池	1 个
锂电池充电模块	1 个
锂电池升压模块	1 个
激光切割皇冠结构件（零件太多，事先拼好了一部分）	1 套
3D 打印底座	1 个
人造宝石	1 枚
M3 螺丝	若干
M3 铜柱	若干
502 胶水	1

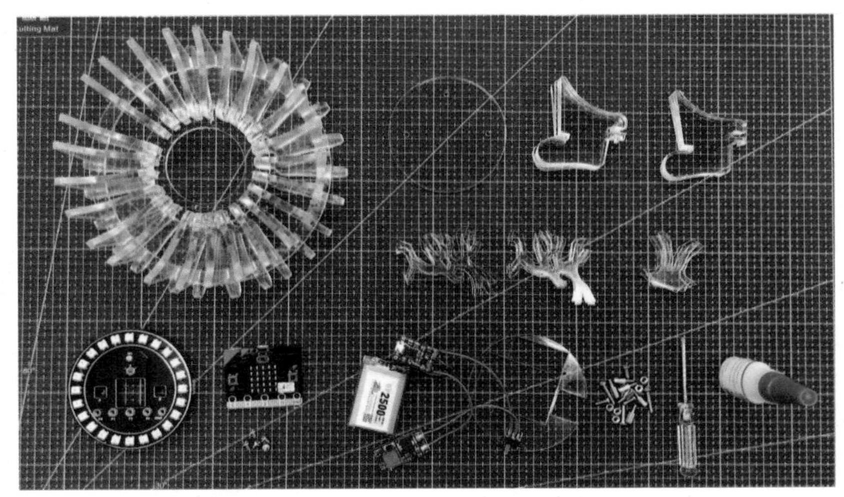

■ 图 28.1 制作所需的材料

28.2 电路搭建

电路原理很简单，如图 28.2 所示，只要让 micro:bit 和扩展板相连，接上锂电池、升压模块和充电模块即可完成所有电路连接。当然你可以加一个开关，随时关闭电源以节省电池电量。

28.3 制作过程

先来看一下设计图纸，如图 28.3 所示，外观结构只要根据设计图一步一步组装起来就可以了。

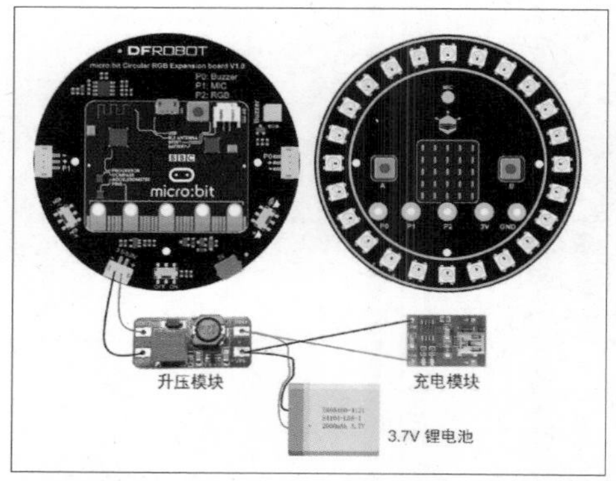

■ 图 28.2 电路连接示意图

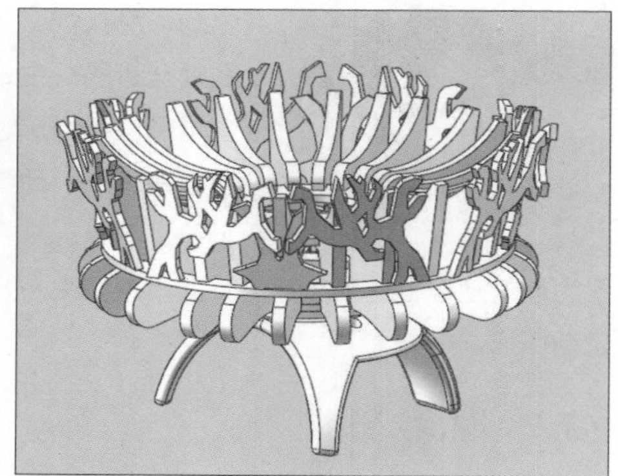

■ 图 28.3 荆棘皇冠设计图

❶ 首先利用 micro:bit RGB 全彩 LED 灯环扩展板附赠的螺丝，将 micro:bit 和 micro:bit RGB 全彩 LED 灯环扩展板固定在一起，并在扩展板前后固定上铜柱。下面简称此组合为“核心板”。

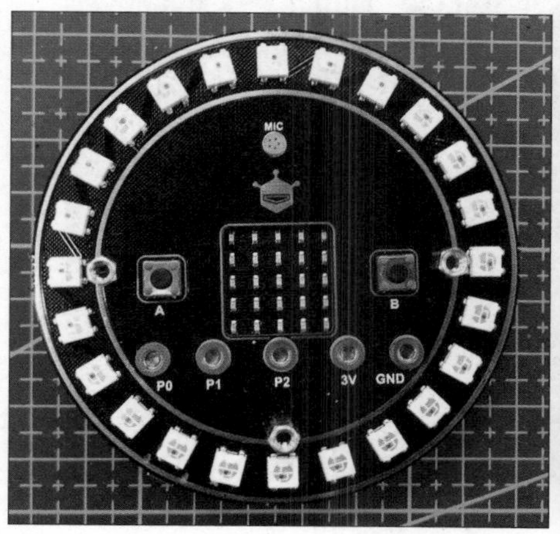

❷ 将锂电池、锂电池充电模块、升压模块、开关焊接在一起，并安装到底座的电路固定圆盘上。下面将此组合称为“电源板”。

❸ 将“核心板”与拼装好的皇冠外壳固定到一起。

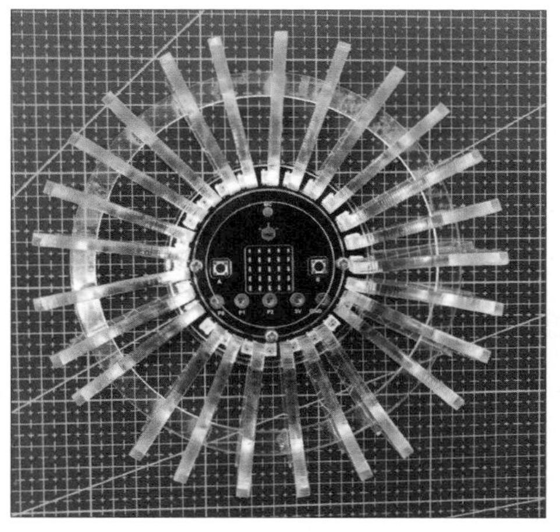

❹ 将“核心板”与“电源板”通过电源接口连接到一起。

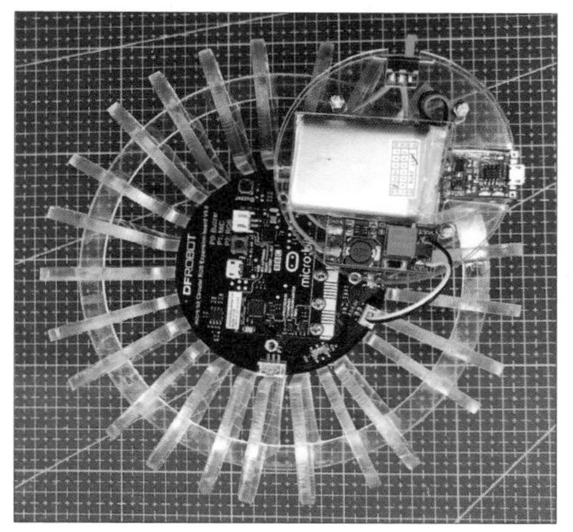

❺ 利用螺丝将“电源板”固定到底座上。

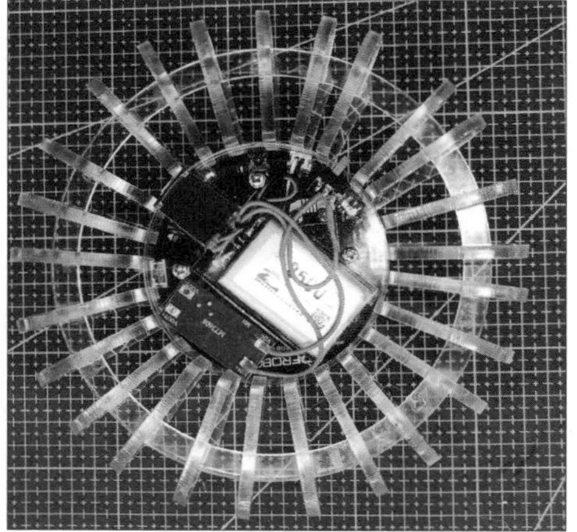

6 将宝石固定到皇冠前方。

至此，律动荆棘皇冠彩灯头饰就做好啦，是不是很简单？咦！总感觉忘了点什么？音乐响起，怎么我的“皇冠”的灯光不像电影中那样，可以随着音乐律动呢？想起来了，原来是忘记写程序了！别急，程序也很简单！

28.4 程序解析

本制作的程序采用 MakeCode 编写。由于 micro:bit RGB 全彩 LED 灯环扩展板有一个声音传感器，所以程序的核心思路就是检测周围音乐声音的响度，由于响度不同，点亮的 LED 数量也不同，并且让亮起的并显示为渐变色。为了增加音乐律动的效果，我在渐变色的基础之上，给 LED 环增加了跑马灯效果。

所以，最终呈现的效果就是：音乐声决定点亮的 LED 数量，LED 显示渐变色过渡，并呈现跑马灯效果。最终程序如图 28.4 所示。

各位读者，通过你的辛苦制作，感动你的女神吧！

```
当开机时
  将 LED 设为 NeoPixel at pin P2 with 24 leds as RGB (RGB format)
  LED set brightness 100
  LED clear
  将 i 设为 0
  显示图标

无限循环
  将 Volume 设为 映射 ( 模拟读取 引脚 P1
                      从低 0
                      从高 500
                      至低 0
                      至高 23
  LED clear
  LED range from 0 with Volume leds show rainbow from 0 to 255
  LED rotate pixels by i
  LED show
  暂停 (ms) 50
  以 1 为幅度更改 i
  如果为 i ≥ 23
  执行 将 i 设为 0
```

■ 图 28.4 MakeCode 程序

文艺青年的激光竖琴

◇ 吕超

表 29.1 制作所需的材料

序号	名称	数量
1	Φ12mm 10mW 532nm 点状定位瞄准绿色激光发射管	7
2	模拟环境光线传感器（Arduino 兼容）DFR0026	7
3	Arduino Mega2560 控制板	1
4	MEGA 传感器扩展板 V2.4	1
5	MIDIPLUS miniengine USB MIDI 键盘专用硬音源	1
6	合成板木片，激光切割板材 600mm × 600mm × 4mm	5
7	3V/2A 电源适配器	1
8	MIDI 连接线、USB 连接线等	若干

我每次摸到乐器就会意淫自己弹琴的样子，但是家里妹子告诉我“其实你根本不会”，当时我的心里是崩溃的。之前蘑菇云创客空间里有台激光竖琴，是家里妹子做的，但带出去装文艺范儿实在不方便，所以我就想能不能搞个小的，带出去也方便。

激光竖琴的原理很简单，就是两两相对安装光线传感器和激光发射器，形成由激光构成的无形琴弦，传感器不断检测激光发射器发出的激光有没有被遮挡。如果激光被遮挡，就相当于拨动了琴弦，用 MIDI 音源发出声音。

身为蘑菇云创客空间里搞事情的一把手，我想好了创意，说搞就搞。首先是买买买（见表 29.1）！为什么用 Arduino MEGA2560？不是我有钱任性，而是 7 根“琴弦”要 7 个模拟口啊，Arduino Uno 只有 6 个模拟口，不够用。MIDIPLUS miniengine USB MIDI 键盘专用硬音源也能当充电宝给 Arduino 供电，好方便。激光头是 3V 的，实测电流 300mA，7 个加起来共 2.1A，我能买到的功率最大的电源适配器就是 3V/2A 的，将就着用了。

29.1 制作过程

1 木板从下到上共 5 层，分别为底板、夹层板 ×3（开出了激光头位置、线位、洞洞板的位置）及面板（雕刻花纹、Logo 等装饰）。

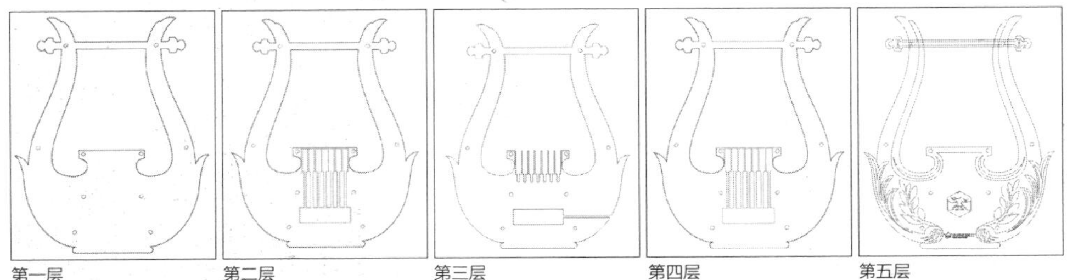

❷ 将 5 层木板一层一层地叠起来。

❸ 中间是激光头的卡槽。

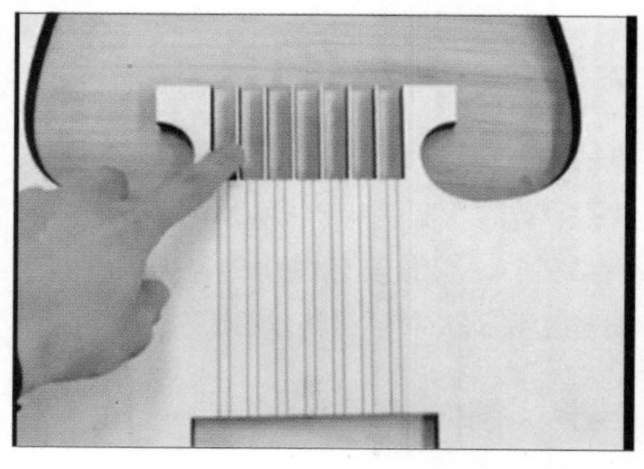

❹ 把激光头装进去，将电路焊接在洞洞板上，接出正极、负极两根线。

❺ 盖上面板，拧上螺丝。

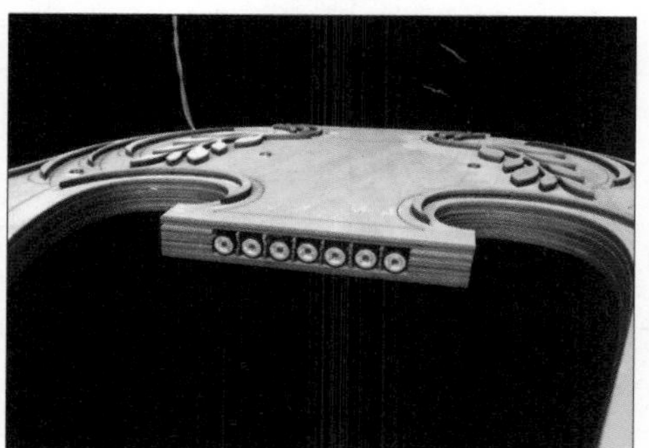

❻ 在上方安装传感器，用万能的热熔胶枪加以固定。

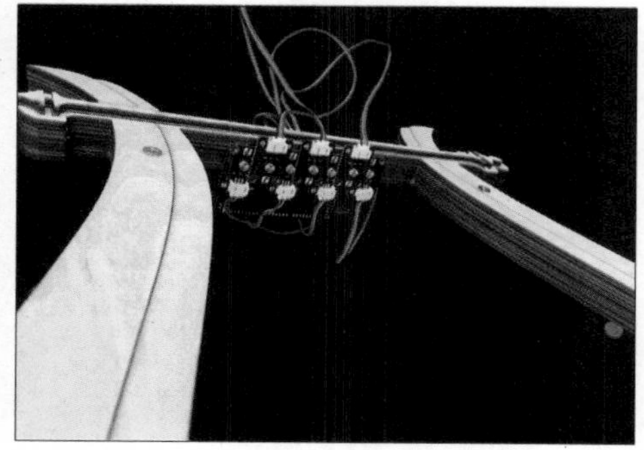

7 把 Arduino MEGA2560 主控板安装到琴体上，接上线。

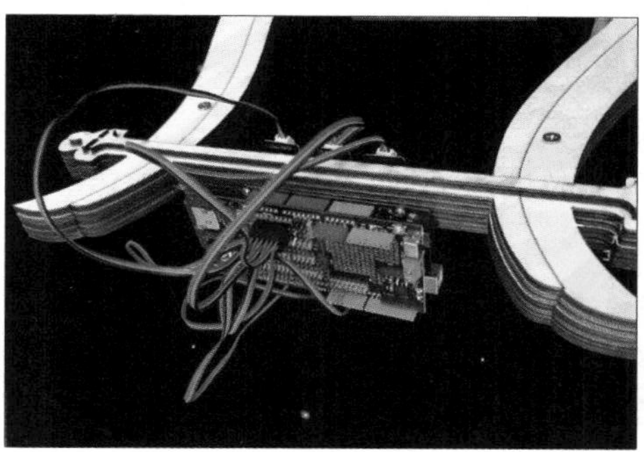

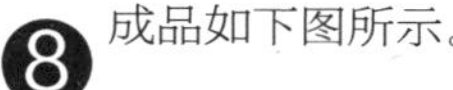

8 成品如下图所示。

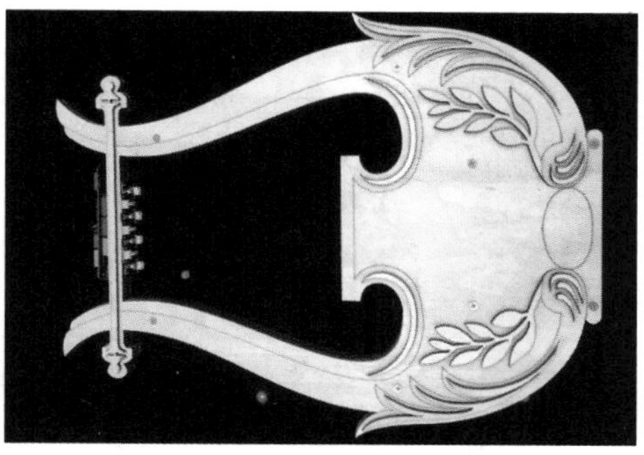

29.2 程序

身体有了，还缺个聪明的大脑，下面奉上程序。

```
static const unsigned ledPin = 13;  //LED 引脚
static const unsigned Laser[] = {A6,A7,A8,A9,A10,A11,A12}; // 激光头引脚
static const unsigned LaserThreshold = 500;  // 阈值，调整大小以适应外部环境
光线条件
static const unsigned note[] = {42,43,44,45,46,47,48};  //修改数组里的数字，
调整音高
void setup()
{
 pinMode(ledPin, OUTPUT);
 Serial.begin(31250);
 //play notes from F#-0 (0x1E) to F#-5 (0x5A):
 for (int i = 0x1E; i < 0x5A; i++) {
  //Note on channel 1 (0x90), some note value (note), middle velocity
(0x45):
  noteOn(0x90, i, 0x45);// Send a Note (pitch 42, velo 127 on channel 1)
  delay(100);
  //Note on channel 1 (0x90), some note value (note), silent velocity
(0x00):
  noteOn(0x90, i, 0x00);// Send a Note (pitch 42, velo 127 on channel 1)
  delay(100);
 }
}
bool StatePre[7] = {false,false, false,false,false,false,false};
bool StateCur[7] = {false,false, false,false,false,false,false};
void noteOn(int cmd, int pitch, int velocity) {
 Serial.write(cmd);
 Serial.write(pitch);
 Serial.write(velocity);
}
```

```
void loop()
{
 for(int i = 0;i<7;i++){
  if (analogRead(Laser[i]) > LaserThreshold ){
   StateCur[i] = true;
  }
  else{
   StateCur[i] = false;
  }
  if(StateCur[i] == true && StatePre[i] == false){
   noteOn(0x90, note[i], 0x45);
   digitalWrite(ledPin, HIGH);
  }
  else if(StateCur == true && StatePre == false){
   noteOn(0x90, note[i], 0x00);
   digitalWrite(ledPin, LOW);
  }
  StatePre[i] = StateCur[i];
 }
 delay(50);
}
```

演奏效果演示

DIY 爱心吊坠

◇ 赵志安

我准备动手做个爱心吊坠送给女友，它在功能和电路设计上没什么特殊的，最大亮点在于使用了 UV 胶封装工艺，外观看起来非常漂亮。

我使用的控制器是自己开发并众筹成功的 Sparrow 控制器。它是一款到手即可玩且功能强大的控制器，兼容 Arduino 能用的所有编程软件。它搭载一颗 ATmega32U4 主控芯片，可直接用 microUSB 烧录程序，同时集成了 WS2812 灯珠、电位器角度传感器、5V 升压模块、锂电池充放电保护模块、2 路逻辑自锁电源开关。此外它还具有 11 个数字口、3 个模拟输入口、一组 I^2C 端口、一组 UART 串口、1 组电源端口、3 种供电方式（USB、电池、无线供电），满足你对项目的可玩性要求。沉金工艺不仅让整块板子美观精致，也使 I/O 口应用在可穿戴项目时接触良好、连接可靠。Sparrow 高度集成化，让你不再需要进行太多烦琐、复杂、耗时的焊接，提高项目的进度和效率，真正做到了“麻雀虽小，五脏俱全”。

视频演示二维码

制作所需的材料见图 30.1。

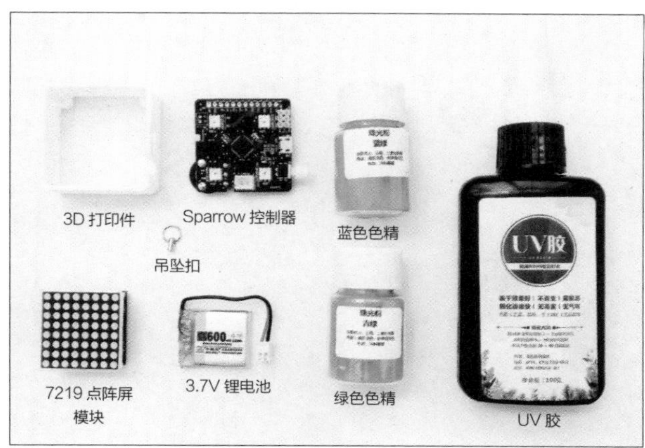

■ 图 30.1 制作所需的材料

1 由于7219点阵屏模块太厚，必须对它进行减厚处理，去掉插针引脚直接焊接，厚度至少会减薄一半，有利于减少吊坠整体厚度。

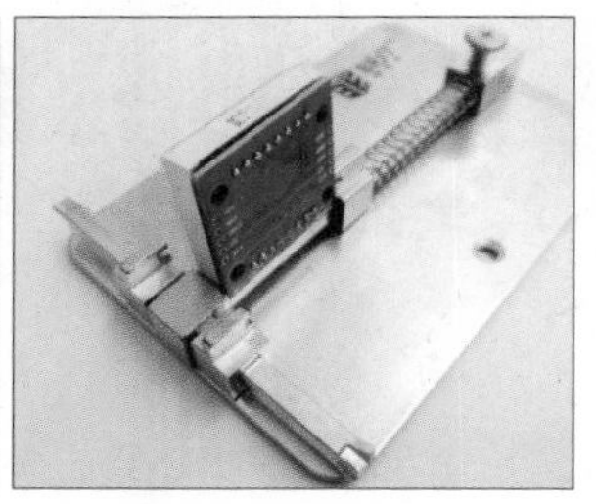

2 去除Sparrow控制器上的锂电池插座，将电池直接焊接在控制板上。

3 在7219点阵屏模块触点上焊接上导线，将点阵模块上的DIN、CS、CLK引脚分别焊接在Sparrow控制器的6、8、9引脚上。

4 将7219点阵屏模块用少量热熔胶固定在Sparrow控制板上。

5 把吊坠扣安装在3D打印的外壳框上。

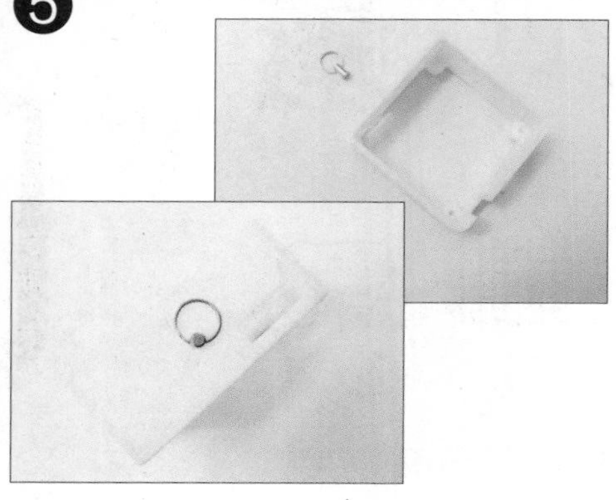

❻ 将 3.7V 锂电池焊接在 Sparrow 控制板上，并用热熔胶固定。

❼ 用海绵胶带对 Sparrow 控制器整个主板做防漏处理，这一步的目的是防止 UV 胶向外溢出或胶进入开关及充电插口。

❽ 将 Sparrow 控制器安装在吊坠框内，并用少量热熔胶固定。

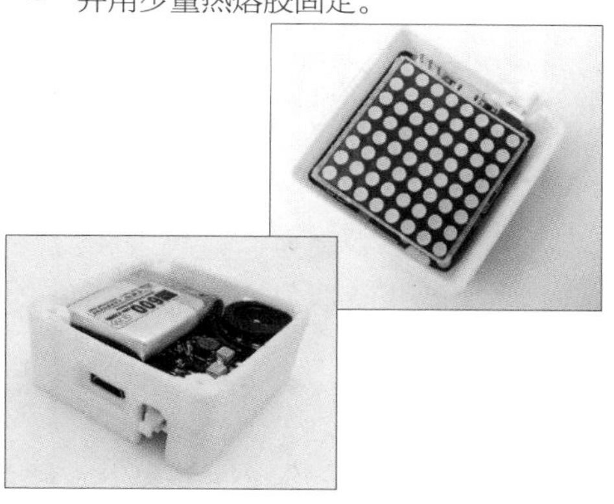

❾ 准备两个杯子，分别以 1:2 比例放入绿色、蓝色色精再加入 UV 胶，并朝一个方向搅拌至无颗粒状，再将两种颜色的 UV 胶混合。

❿ 将吊坠框尽量放在水平的桌面上，可以借助水平仪调平。向一边缓慢地将 UV 胶倒入到主板与框的缝隙填充，倒入过快容易产生气泡。浇注后用紫外线灯照射 10min 即可固化，也可以在晴天将它放在太阳下照射 20min。

11 如你所见，由于我的开关没有密封好，造成 UV 胶流入内部固化而报废了，只能重新换了一个拨动开关代替，朋友们使用 UV 胶的时候要特别注意密封问题。

程序部分需要通过 8×8 点阵动画生成网站，把设计的动画转换成代码添加到程序中，Sparrow 控制器按照动画代码滚动控制点阵屏显示不同的动画图案。我使用的程序可从本书下载平台（见目录）下载。

上传程序后，准备一条吊坠挂件绳（见图 30.2），打结连接在点阵吊坠扣上，一个可显示跳动的爱心动画的吊坠就做好了。

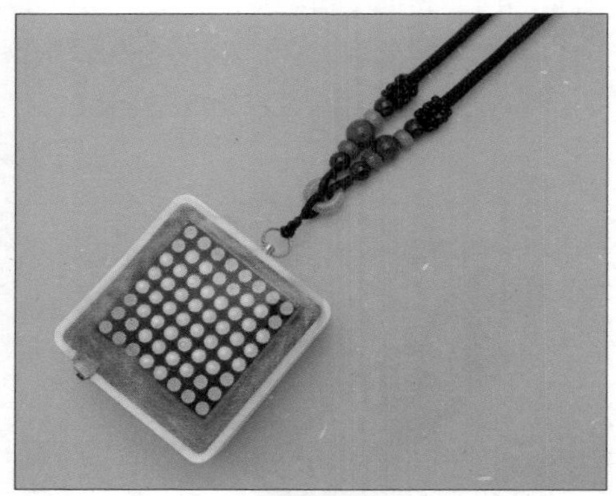

■ 图 30.2 准备一条吊坠挂件绳，打结连接在点阵吊坠扣上